DK 677.022
677.052.001.5

FORSCHUNGSBERICHTE
DES LANDES NORDRHEIN-WESTFALEN

Herausgegeben durch das Kultusministerium

Nr. 920

Dipl.-Ing. Rudolf Otto
Text.-Ing. Manfred Le Claire
Technisch-Wissenschaftliches Büro für die Bastfaserindustrie, Bielefeld

Fadenspannungen beim Naßringspinnen von Bastfasern
in ihrer Abhängigkeit von
Fadenführung und Gestaltung von Ring und Läufer

Als Manuskript gedruckt

SPRINGER FACHMEDIEN WEISBADEN GmbH

1960

ISBN 978-3-663-03641-8   ISBN 978-3-663-04830-5 (eBook)
DOI 10.1007/978-3-663-04830-5

Gliederung

1. Aufgabenstellung .... S. 5

2. Durchführung der Messungen .... S. 6
   - 2.1 Spinnmaschinen .... S. 6
   - 2.2 Garne .... S. 8
   - 2.3 Meßeinrichtung .... S. 8
   - 2.4 Aufnahme der Meßwerte und Auswertung der Meßergebnisse .... S. 10
   - 2.5 Variation der die Fadenspannung beeinflussenden Faktoren .... S. 13
     - 2.51 Ausführung von Ring und Läufer .... S. 13
     - 2.52 Läufergewicht .... S. 14
     - 2.53 Ballonhöhe .... S. 15
     - 2.54 Balloneinengungsringe .... S. 15
     - 2.55 Spindeldrehzahl .... S. 16
     - 2.56 Abliefergeschwindigkeit .... S. 16
     - 2.57 Maschinenkonstruktion. Spinnlinie .... S. 16
   - 2.6 Einfluß des Läufers auf die Fadenbruchhäufigkeit .... S. 17
   - 2.7 Einfluß der Spinnspannung auf die Garnfestigkeit .... S. 18

3. Meßergebnisse .... S. 18
   - 3.1 Auswirkung von Ring und Läufer auf die Fadenspannung .... S. 18
   - 3.2 Auswirkung des Läufergewichts auf die Fadenspannung .... S. 23
   - 3.3 Auswirkung der Ballonhöhe auf die Fadenspannung .... S. 29
   - 3.4 Zusammenfassung der Auswirkungen von Ring- und Läuferausführung auf die Fadenspannung unter Einbeziehung der Fadenbruchhäufigkeit .... S. 31
   - 3.5 Auswirkung von Balloneinengungsringen auf die Fadenspannung .... S. 42

3.6 Auswirkung der Spindeldrehzahl auf die
    Fadenspannung . . . . S. 43

3.7 Auswirkung der Abliefergeschwindigkeit
    auf die Fadenspannung . . . . S. 45

3.8 Auswirkung der Spinnlinie auf die
    Fadenspannung . . . . S. 46

3.9 Einfluß der Spinnspannung auf die
    Garnfestigkeit . . . . S. 48

4. Zusammenfassung . . . . S. 53

1. Aufgabenstellung

Die Ringspinnmaschine für Bastfasern hat sich in der Flachsspinnerei den Erwartungen entsprechend eindeutig durchgesetzt. Dies darf aber nicht darüber hinwegtäuschen, daß sie verglichen mit den Ringspinnmaschinen für Baumwolle und Kammgarn und mit den bisher üblichen Flügelspinnmaschinen der Bastfaserspinnerei erst in den letzten Jahren Allgemeingut geworden ist und hier noch ein Feld für Erfahrungen und Verbesserungen offen liegt. Dieses umfaßt das Studium der zweckmäßigen Fadenführung (Spinnlinie) und der Abhängigkeiten der Fadenspannung von Spindeldrehzahl, Garnnummer, Ballonhöhe, Ringform sowie Läuferausführung und -gewicht unter Berücksichtigung der beim Übergang vom Flügel- zum Ringspinnen angestrebten Erhöhung der Spinngeschwindigkeit und Vergrößerung der Garnkörper.

Die Naßringspinnmaschinen für Flachs und Flachswerg zeigen gegenüber den Trockenringspinnmaschinen für andere Fasern in Aufbau und Arbeitsweise von der Ablieferung des Streckwerks bis zur Aufwindung des Fadens auf den Garnkörper keine grundsätzlichen Unterschiede. Demnach war anzunehmen, daß sich die erwähnten Einflußfaktoren beim Naßspinnen ähnlich auswirken und die bekannten Gesetzmäßigkeiten ihre Gültigkeit behalten. Unterschiede waren jedoch bedingt durch die Eigenart des Naßspinnens von Leinengarnen in der absoluten Höhe der auftretenden Fadenspannungen und ihrer Veränderlichkeit zu erwarten.

Die Arbeit, deren Durchführung und deren Ergebnisse in dem vorliegenden Bericht beschrieben sind, hatte zur Aufgabe, durch systematische Untersuchungen Einblick in die Größenordnungen der Fadenspannungen in Abhängigkeit von Fadenführung, Ballonausbildung[1], Ausführung und Form von Ring und Läufer[2], Spindeldrehzahl und Abliefergeschwindigkeit zu schaffen.

---

1. Eine bisher in der Naßspinnerei wenig untersuchte Beeinflussung der Fadenführung ist durch die Anwendung von Balloneinengungsringen gegeben. Zweckmäßig ausgeführte und richtig eingebaute Balloneinengungsringe reduzieren den Fadenzug, so daß bei gleichbleibender Spinnspannung und gleichem Läufergewicht mit höheren Spindeldrehzahlen und Abliefergeschwindigkeiten gearbeitet werden kann.
2. Für das Naßspinnen wurden zunächst allgemein HZ-Ringe mit Läufern aus Compositionsmetall verwendet. Später sind neue Ring- und Läufertypen entwickelt worden. So hat z.B. die Firma Mackie & Sons, Ltd., Belfast, für ihre Naßringspinnmaschine einen besonderen Flanschring und einen Läufer aus Nylon geschaffen, mit denen gute Spinnergebnisse bei beachtlich niedrigen Fadenbruchhäufigkeiten erzielt werden. Es gibt auch Ohrläufer aus Nylon für HZ-Ringe, über deren Wirkungsweise in (Fortsetzung s.S. 6)

Zusätzliche Beobachtungen sollten der Auswirkung der obengenannten Faktoren und somit der Fadenspannung auf die Fadenbruchhäufigkeit und die Festigkeit der Gespinste dienen.

2. Durchführung der Messungen

2.1 Spinnmaschinen

Die Untersuchungen wurden auf zwei Maschinen verschiedener Konstruktion durchgeführt, bei denen Unterschiede in der Gestaltung der Spinnlinie bestanden. Es handelte sich um eine Versuchsnaßringspinnmaschine System Perfect und eine im praktischen Betrieb arbeitende Ringspinnmaschine Bauart Mackie. In die Versuche wurden mehrere Formen und Ausführungen von Ringen und Läufern einbezogen.

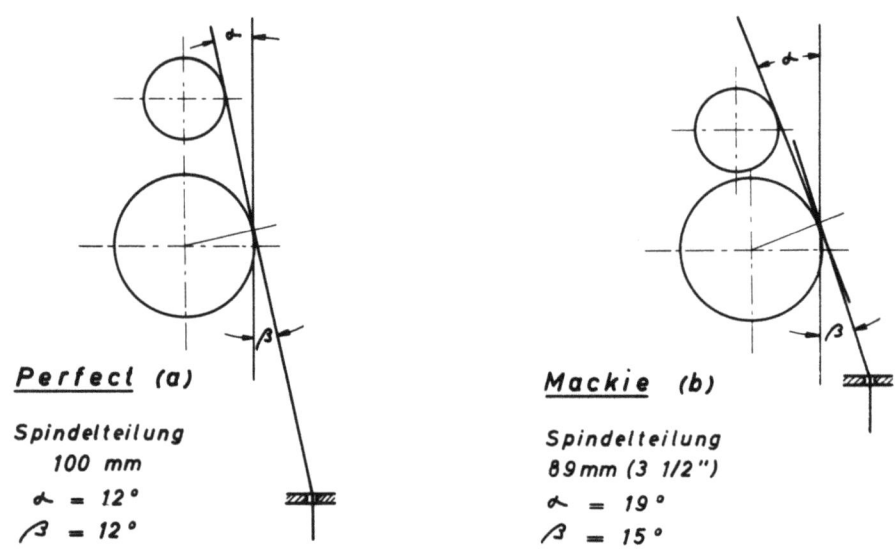

A b b i l d u n g 1
Spinnlinie an Naßringspinnmaschinen

Abbildung 1 zeigt schematisch die Gestaltung der Spinnlinien beider Maschinentypen. Während die Perfect-Maschine, Abbildung 1a, einen verhältnismäßig steilen Winkel in der Neigung des Streckwerkes zur Horizontalen zeigt, ist bei der Konstruktion von Mackie, Abbildung 1b, diese Neigung flacher. Der bei dieser Konstruktion zudem vorhandene Knick in

---

(Fortsetzung der Fußnote 2.)
der Praxis der Naßspinnerei noch wenig bekannt ist. Weiterhin wurden C-Läufer aus Nylon für Flanschringe entwickelt, über deren Anwendungsmöglichkeiten wenig Erfahrungen vorliegen.

der Spinnlinie ($\alpha > \beta$) bewirkt eine leichte Umschlingung des Ablieferzylinders, welche die Führung der Fasern begünstigt. Der Abstand des Fadenführungsauges vom Klemmpunkt am Ablieferzylinder ist bei der Perfect-Maschine größer als bei der Mackie-Maschine. Beide Konstruktionen haben feststehende Ringbank und bewegte Spindelbank, so daß die Höhe des Ballons während Kopbildung und Abzug konstant bleibt. Die einzelnen Abmessungen sind aus Tabelle 1 zu ersehen.

Tabelle 1

Daten der Maschinen

Bezeichnung		Perfect	Mackie[*)
Spindelteilung	[mm]	100	89
Ringdurchmesser	[mm]	70	66,8
Hülsendurchmesser	[mm]	28[**)	31,8
Hülsenlänge	[mm]	215	185
max. Durchmesser d. Garnkörpers	[mm]	60	58
Aufwindelänge	[mm]	185	178
Hubhöhe zur Kegelbildung	[mm]	60	45
Durchm. d. Ablieferzylinders	[mm]	76,2	76,2
Neigungswinkel :Streckwerk :Faden/ Führungsauge		12° 12°	19° 15°
Klemmpunkt-Fadenführungsauge	[mm]	147,5	82,5

[*) mm-Maße umgerechnet aus engl. Zoll
[**) Hülse leicht konisch; Durchmesser am Fuß 30 mm, an der Spitze 26 mm

Wie ersichtlich bestanden zwischen den einzelnen Daten bei den Maschinen unvermeidbare Unterschiede. Bei der Auswahl für die Vergleichsmessungen war die annähernde Gleichheit der Ring- und Zylinderdurchmesser ausschlaggebend.

2.2 Garne

Zu den Versuchsmessungen wurden herangezogen:

<u>Flachsgarn Ne_L 30 (56 tex)</u>, Ia m.Kette, gesponnen mit 7,5-fachem Verzug, Ablieferung 15,3 m/min bei 6635 Spindel-U/min, entsprechend 434 Dr./m und einem $\alpha_m = 102$.

<u>Flachswerggarn Ne_L 20 (84 tex)</u>, schw.Kette, gesponnen mit 5,9-fachem Verzug, einer Ablieferung von 15,8 m/min, bei 5800 Spindel-U/min, entsprechend 367 Dr./m und einem $\alpha_m = 106$.

<u>Flachswerggarn Ne_L 18 (92 tex)</u>, Ia Schuß, gesponnen mit 5,6-fachem Verzug, einer Ablieferung von 15,3 m/min, bei 4960 Spindel-U/min, entsprechend 324 Dr./m und einem $\alpha_m = 98,5$.

Die genannten Spinndaten entsprachen den Einstellungen in der Spinnerei, in der die Versuche vor sich gingen. Bei den Untersuchungen des Einflusses von Abliefergeschwindigkeit und Spindeldrehzahl müßten sie entsprechend verändert werden.

2.3 Meßeinrichtung

Die unter der Einwirkung der sie beeinflussenden Faktoren wechselnden Fadenspannungen wurden mittels eines elektromagnetischen Meßkopfes "Elmataster" mit einem federnden Maßstab im Feld von zwei sich gegenüberstehenden und in den Kreis einer Meßbrücke eingeschalteten Magnetspulen aufgenommen. Mit der am Ende des Meßstabes angebrachten, als feststehende Rolle ausgebildeten Führung wird der Faden zwischen Klemmpunkt am Ablieferzylinder und Fadenführerauge leicht ausgelenkt, so daß die wechselnde Fadenspannung sich in einer Bewegung des Meßstabes auswirkt, Abbildung 2, die ihrerseits Feldänderungen und Ausgleichsströme in der Meßbrücke hervorruft. Diese werden verstärkt und durch einen Tintenschreiber angezeigt.

Abbildung 3 zeigt die Anordnung des Meßkopfes an einer Spinnstelle der Versuchsmaschine.

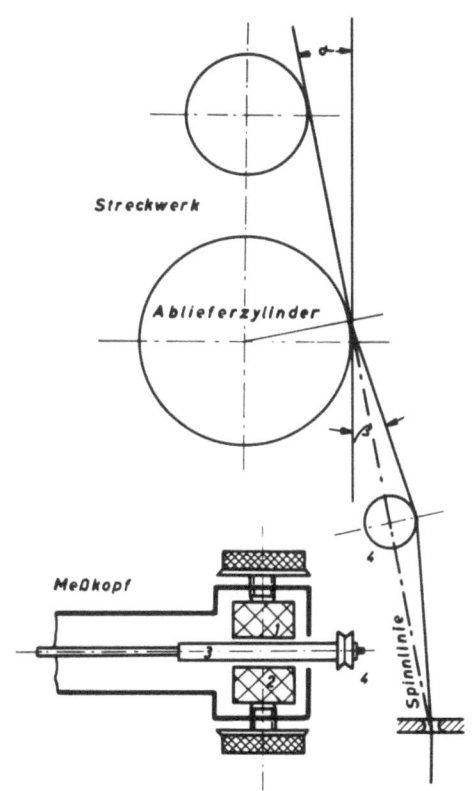

A b b i l d u n g   2
Anordnung des Meßkopfes

A b b i l d u n g   3
Meßeinrichtung an der Spinnmaschine

2.4 Aufnahme der Meßwerte und Auswertung der Meßergebnisse

Bei den durchgeführten Untersuchungen wurden mit der o.a. Meßvorrichtung die Einflüsse der genannten, willkürlich veränderlichen Faktoren auf die Fadenspannung aufgenommen. Außer diesen Faktoren wirken aber eine Reihe anderer unbeeinflußbarer und auf die Ringläuferbewegung zurückzuführender Größen auf die Meßwerte ein. Wie aus anderweitigen Untersuchungen[3] bekannt, ist die Läuferbewegung am Ring nicht ein einfacher Gleitvorgang, sondern überlagert von einem ständigen Vibrieren des Läufers als Folge von Garnungleichmäßigkeiten und gegebenenfalls von Unebenheiten der Ringfläche. Diese Ungleichförmigkeiten der Läuferbewegung und die durch sie hervorgerufenen Spannungsspiele lassen sich nicht eliminieren. Sie sind ebenso wie die gleitende Bewegung des Läufers und die daraus resultierende Grundspannung des Fadens beeinflußt durch Material, Form und Größe von Ring und Läufer und sollen in dieser Arbeit ebenfalls behandelt werden.

Die exakte Erfassung der Reibungskräfte zwischen Ring und Läufer beim Naßspinnen von Bastfasern wird dadurch besonders erschwert, daß im Gegensatz zum Spinnen von Baumwolle oder Wolle hier das Schmieren des Ringes zur Verringerung des Reibungskoeffizienten unerläßlich ist. Trotz aller bisherigen Vorschläge, eine gleichmäßige selbsttätige Schmierung zu erzielen, liegt hierfür noch keine endgültige Lösung vor, so daß man bei den in Betrieb befindlichen Naßringspinnmaschinen auf die Schmierung von Hand angewiesen ist. Diese Art der Aufbringung des Schmiermittels ist hinsichtlich ihrer Gleichmäßigkeit unzulänglich und bringt in die Messungen der Spinnspannung zusätzliche Ungenauigkeiten. Es wurde versucht, diese durch eine nachstehend beschriebene, streng eingehaltene Schmiervorschrift möglichst weitgehend auszuschalten.

Eine weitere Einwirkung auf die Reibungsverhältnisse entsteht durch das Einarbeiten bzw. durch den Verschleiß der Läufer. Während neue Läufer an ihren Kanten meist eine schwache Gratbildung aufweisen, und dementsprechend zunächst einen höheren Reibungswiderstand bringen, paßt sich nach einer gewissen Einlaufzeit der Läufer dem Ring an, womit eine Verminderung der Reibungskräfte einhergeht. Nach einer weiteren Betriebs-

---

3. JOHANNSEN, O.: Die Fadenbrüche an der Ringspinnmaschine, Textil-Praxis 3 (1948), S. 295-301
STEIN, H.: Beobachtung und meßtechnische Erfahrung der Vorgänge im Spinn- und Aufwindefeld von Ringspinn- und Ringzwirnmaschinen, Forschungsberichte des Wirtschafts- und Verkehrsministeriums Nordrhein-Westfalen Nr. 378, Westdeutscher Verlag, Köln und Opladen.

zeit treten Verschleißerscheinungen am Läufer auf, die wiederum eine
Steigerung der Spinnspannung mit sich bringen.

> Für jede Messung wurde deshalb ein neuer Läufer eingesetzt. Damit
> wurde in Kauf genommen, daß zwar die Unterschiede in der Formgebung
> Schwankungen der Meßwerte verursachen können, doch war festgestellt
> worden, daß die damit verbundenen Veränderungen der Fadenspannung
> nicht so groß sind, wie die, welche durch Abnützung des Läufers her-
> vorgerufen werden, wenn er für mehrere Versuche eingesetzt wird. Auch
> die geringen Verformungen, die selbst bei vorsichtigem Einsetzen
> entstehen können, sind nicht so schwerwiegend in ihren Auswirkungen
> wie die Abnützung des Läufers.
>
> Für jede Messung erhielt der Ring frisches Öl. Dabei wurde wie folgt
> verfahren: Ausputzen und Austrocknen des Ringes, Aufbringen einer
> gleichbleibenden Ölmenge mittels Pipette, Verteilen des Öls, Ein-
> setzen des Läufers.

Nach dem Anspinnen wurde vor Beginn der Messung eine Einlaufzeit von
10 min eingehalten. In der beliebig herausgegriffenen Fadenspannungs-
kurve Abbildung 4 entspricht diese Einlaufzeit dem Abschnitt A-B. Der
Kurvenverlauf[4] innerhalb dieses Abschnittes zeigt, wie die durch fri-
sche Ölung des Ringes zu Beginn niedrige Spannung mit jedem Aufwindehub
ansteigt und sich schließlich auf eine bestimmte mittlere Höhe einspielt.
Abschnitt B-C der Kurve zeigt den Spannungsverlauf nach erreichter Konstanz und wurde für die Auswertung herangezogen[5].

Der Verlauf der Kurve gibt Auskunft über die Höhe der mittleren Fadenspannung, die Größe der Spannungsunterschiede beim Winden auf Kopbasis
und Kopspitze und schließlich über die Auswirkung der "Läuferunruhe".
Zwecks rechnerischer Erfassung wurden je 10 aufeinanderfolgende Maxima-
und Minimawerte der Fadenspannung dem Diagramm entnommen und gemittelt.
Jede Messung wurde mit jeweils neueingesetzten Läufern dreimal durchgeführt und die Mittelwerte der drei Messungen als Meßergebnis festgehal-
ten. Für jede Meßreihe wurden die Meßvorrichtungen mittels Testfaden
und Gewichten geeicht.

Um einen Einblick zu geben, wie sich der Spannungsverlauf beim praktischen Spinnen gestaltet, sind einleitend Aufnahmen bei der Herstellung
über ganze Kopslängen gemacht worden. Die Schmierung wurde in diesem
Falle genau so durchgeführt, wie sie in der Betriebspraxis üblich ist.
In Intervallen von etwa 20 min wurde mittels eines Zerstäubers ein ver-
seifbares Öl aufgetragen. Der Papiervorschub wurde mit 3 mm/min eingestellt.

---

4. Alle Originaldiagramme sind von rechts nach links zu lesen
5. Vorschub des Diagrammpapiers für die Auswertung: 30 mm/min, während
   der Einlaufzeit: 3 mm/min.

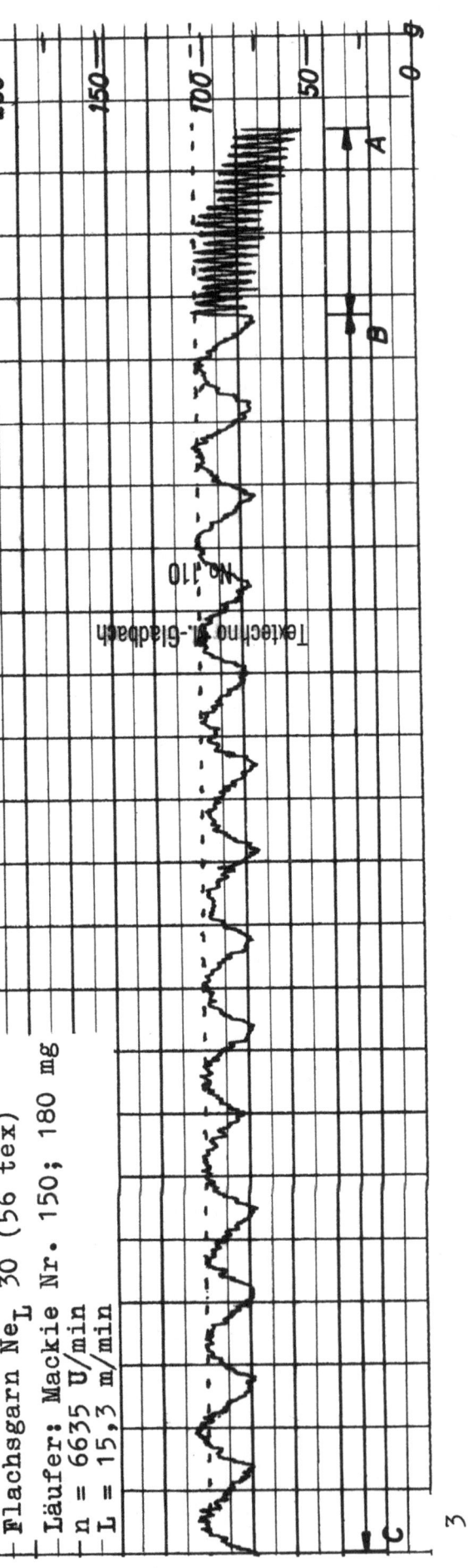

Abbildung 4

Fadenspannung an Naßringspinnmaschinen

2.5 Variation der die Fadenspannung beeinflussenden Faktoren

Der gestellten Aufgabe entsprechend wurden auf der Perfect-Versuchsmaschine Messungen der Spinnspannung unter Variation von Ring- und Läuferform, Läufermaterial und -gewicht, Ballonhöhe, Abliefergeschwindigkeit und Spindeldrehzahl vorgenommen. Weiterhin wurde der Einfluß von Balloneinengungsringen auf die Spinnspannungen untersucht. Um die Auswirkung der angeführten Einflußfaktoren getrennt erfassen zu können, wurden die Messungen derart durchgeführt, daß jeweils nur eine Größe verändert wurde. Die Untersuchungen fanden stets an der gleichen Spinnstelle statt. Für den Einsatz verschiedener Ringformen fanden auswechselbare Ringschienen Verwendung.

Vergleichende Messungen, die der Beobachtung des Einflusses voneinander abweichender Spinnlinien dienen sollten, wurden auf beiden in Abschnitt 2.1 beschriebenen Maschinen - Perfect und Mackie - vorgenommen.

Gesponnen wurde im wesentlichen Flachsgarn Ne_L 30 (56 tex), Ia m.Kette, in einigen Fällen auch Flachswerggarn Ne_L 18 (96 tex), Ia Schuß, (Abschn. 2.51 und 2.56) und bei dem Maschinenvergleich Mackie-Perfect Flachswerggarn Ne_L 20 (84 tex), schw.Kette (Abschn. 2.57).

2.51 Ausführung von Ring und Läufer

Abbildung 5 gibt Läuferformen wieder, die für die Messungen eingesetzt wurden. 1 ist ein Ohrläufer aus Compositionsmetall, 2 ist ein Ohrläufer aus Nylon. Diese Läufer werden auf HZ-Ringen - ihrer Größe entsprechend auf HZ-III-Ringen - verwendet. 3 ist der von Mackie entwickelte Speziallläufer in C-Form für den Einsatz auf einem besonders ausgebildeten Flanschring mit schrägem Steg. Einer der Schenkel dieses Läufers ist verstärkt, wodurch eine Verlagerung des Schwerpunktes und eine Vergrößerung der Führungsfläche am Flansch und Steg mit dem Ziele einer höheren Stabilität des Läufers erreicht wird. Mit 4 ist der C-Nylonläufer einer französischen Firma bezeichnet, der auf normalem Flanschring eingesetzt wird. Bei diesem Nylonläufer ist das Profil an allen Stellen gleich stark. 5, 6 und 7 sind Spinnflachläufer aus Stahl für Flanschringe, und zwar ist 5 ein C-Läufer, 6 ein Elliptik-Läufer und 7 ein N-Läufer.

> In bezug auf Läuferform und -gewicht seien folgende erläuternde Ausführungen gemacht: Die Läufernumerierung ist nicht einheitlich. Während die modernen Kunststoffläufer nach ihrem Stückgewicht in mg bezeichnet werden, sind die Metalläufer nach englischen Maßeinheiten numeriert, z.B. nach dem Gewicht von 1000 Stück in ounces oder auch nach der Stückzahl je ounce. In den nachfolgenden Aufstellungen und

1 Ohrläufer Compositionsmetall

2 Ohrläufer Nylon

3 Mackieläufer Nylon

4 C-Nylon-Läufer

5 Spinnflach C

6 Elliptik

7 Spinnflach N

Abbildung 5
Läuferform

Tabellen ist stets das Gewicht des eingesetzten Läufers in mg mit angegeben.

Durch Überprüfungen wurde festgestellt, daß das Läufergewicht innerhalb einer Läufernummer vielfach nicht unerheblich schwankt. Nach Angabe der Läuferhersteller sollen die Abweichungen 20 % des Gewichtsunterschiedes zum nächst gängigen Läufergewicht nicht überschreiten. Bei verschiedenen Läufertypen mußte festgestellt werden, daß die tatsächlichen Gewichtsabweichungen über diese Toleranzgrenze hinausgehen. Um für die Meßreihen einheitliche Bedingungen zu schaffen, wurden sämtliche zum Einsatz bestimmten Läufer gewogen und diejenigen mit weit vom Mittel abweichendem Gewicht aussortiert.

Es lassen sich auch, z.B. bei Ohrläufern, Abweichungen in der Form feststellen. Messungen mit Mikrometerschraube ergaben teilweise deutliche Schwankungen in der Höhe. Für die Versuche wurden nur Läufer verwendet, deren Hauptabmessungen kontrolliert waren[6].

Innerhalb der in diesem Abschnitt zu schildernden Messungen wurden mit Ohrläufern aus Compositionsmetall und Nylon auf HZ-III-Ringen und mit Mackieläufern auf Spezialflanschring Aufnahmen der Spinnspannungen über je einen vollen Abzug durchgeführt. Ferner wurden für alle diese Kombinationen sowie für C-Nylonläufer, N- und Elliptik-Läufer auf Flanschringen - wie unter 2.4 beschrieben - Meßkurven aufgenommen. Dabei wurden Läufer verwendet, die bei dem jeweils gesponnenen Garn bei gleicher Abliefergeschwindigkeit bzw. Spindeldrehzahl annähernd gleiche Spinnspannungen ergaben, ohne daß natürlich eine genaue Übereinstimmung in jedem Fall zu erzielen war.

2.52 Läufergewicht

In dieser Meßreihe wurden die Spinnspannungen in Abhängigkeit von variablen Läufergewichten ermittelt. Es wurden untersucht: Ohrläufer aus

---

6. Eine verbindliche Normvorschrift für Abmessungen und Gewichte der Läufer bzw. deren Toleranzen ist nicht vorhanden, wird aber auf Vorschlag unseres Institutes erwogen.

Compositionsmetall, Ohrläufer aus Nylon, C-Läufer aus Nylon in der Sonderausführung von Mackie und einfache C-Läufer aus Nylon.

Das Gewicht der Läufer wurde in weiten Grenzen verändert. Da die Messungen nur an einer Spindel vorgenommen wurden, war Rücksicht auf die Ballonausbildung nicht zu nehmen. Nach oben und nach unten war das Läufergewicht durch die Forderung einer einwandfreien Messung ohne störende Fadenbrüche begrenzt.

2.53 Ballonhöhe

In der Standardausführung der Perfect-Naßringspinnmaschine beträgt die Ballonhöhe, d.h. der Abstand von Oberkante Spinnring bis zum Ausgang des Fadens aus dem Fadenführerauge 240 mm[7]. Um den Einfluß der Ballonhöhe auf die Spinnspannung zu untersuchen, wurden Messungen auch bei 230 und 210 mm Ballonhöhe vorgenommen. Diese Verkürzung, der natürlich Grenzen gesetzt waren, wurde durch Anheben der Ringschiene erreicht. Bei den Messungen kamen die unter 2.51 angegebenen Ring- und Ringläuferformen mit verschiedenen Läufergewichten zum Einsatz.

2.54 Balloneinengungsringe

Es ist aus Untersuchungsarbeiten an Baumwoll- und Woll-Ringspinnmaschinen bekannt, daß man die auftretenden Spinnspannungen durch die Verwendung von Führungsringen, die als konzentrische Ringe zwischen Spinnring und Fadenführerauge eingesetzt werden, beeinflussen kann. Der Balloneinengungsring bewirkt eine Einschnürung und damit eine Unterteilung des großen Fadenballons in zwei kleinere. Dadurch ergibt sich eine Verringerung der Fadenzugkräfte, wodurch die Möglichkeit der Anwendung höherer Spindeldrehzahlen und damit bei gleichbleibendem Drehungsgrad höherer Abliefergeschwindigkeiten gegeben ist.

Um die Auswirkung von Einengungsringen auch beim Spinnen von Bastfasern auf Naßringspinnmaschinen zu untersuchen, wurden in einer Versuchsreihe mit HZ-III-Ringen von 70 mm Durchmesser und Ohrläufern aus Compositionsmetall Nr. 18 (340 mg) bei verschiedenen Einstellungen der BE-Ringe die Spinnspannungen gemessen. Verwendet wurden dabei Einengungsringe von 70, 60 und 50 mm Durchmesser, die in Höhen von 57,5, 115 und 172,5 mm über der Oberkante des Spinnringes, entsprechend 1/4, 1/2 und 3/4 der gesamten Ballonhöhe, angebracht wurden. Läuferform und -gewicht wurden

---

7. Ballonhöhe bei Mackie-Maschine: 230 mm.

bei dieser Versuchsreihe nicht verändert, da der Einfluß der Balloneinengungsringe auf die Spinnspannung sich hiervon unabhängig auswirken
muß.

2.55 Spindeldrehzahl

Die Abhängigkeit der Fadenspannung von der Spindeldrehzahl wurde bei
5810, 6635 sowie 7460 Spdl.-U/min und entsprechenden Abliefergeschwindigkeiten von 13,1, 15,3 und 17,3 m/min gemessen. Die Garndrehung betrug konstant 434 Dr./m. Die Messungen wurden an HZ-III-Ringen mit Läufern aus Compositionsmetall und Nylon sowie am Mackie-Ring mit Nylonläufern vorgenommen.

2.56 Abliefergeschwindigkeit

Zur Beurteilung des Einflusses der Liefergeschwindigkeit auf die Fadenspannung wurde bei gleichbleibender Ring- und Läuferform (HZ-III mit
Compoläufer), gleichem Läufergewicht (Nr. 16; 545 mg) und gleicher Spindeldrehzahl von 6635 U/min, die Abliefergeschwindigkeit der Maschine
in vier Stufen von 11,3 bis 19,3 m/min variiert. Dadurch wurde zwangs-
läufig die Garndrehung von 344 bis 587 Drehungen je m und entsprechend
der gesponnenen Garnnummer Ne_L 30 (56 tex) der metr. Drehungsgrad von
81 bis 139 verändert.

Da sich eine wesentliche Veränderung der Fadenspannung allein in Abhängigkeit von der Abliefergeschwindigkeit bei dieser Versuchsreihe
nicht ergab, wurde darauf verzichtet, die Messungen auf andere Ring-
und Läuferformen und mit veränderlichem Läufergewicht auszudehnen.

2.57 Maschinenkonstruktion. Spinnlinie

Für die Versuche standen wie in Abschnitt 2.1 beschrieben, zwei Maschi-
nenkonstruktionen - Perfect und Mackie - zur Verfügung. Im genannten
Abschnitt sind die Unterschiede zwischen den beiden Maschinentypen, vor
allem die abweichende Führung des Garns und die unterschiedliche Spinnlinie angegeben. In diesem Zusammenhang interessierte eine vergleichende Messung der Spinnspannungen auf den beiden Maschinen, wobei versucht
worden ist, die über die Eigenart der Spinnlinie hinausgehenden Unterschiede nach Möglichkeit auszugleichen. Die Ballonhöhe wurde in beiden
Fällen einheitlich auf 230 mm eingestellt. Die Perfect-Maschine erhielt
einen Mackie-Ring mit 2 5/8" = 66,8 mm Durchmesser und eine umgearbei-
tete Aufwindehülse, deren Durchmesser wie bei der Mackie-Maschine
1 1/4" = 31,8 mm betrug. Wie bei der Mackie-Maschine war diese Hülse

zylindrisch ausgeführt und nicht leicht konisch, wie es die Perfect-Konstruktion vorsieht. Dadurch war für die Messungen an beiden Maschinen die Fadenführung unterhalb des Fadenführerauges einheitlich, und es verblieb lediglich die beschriebene, spezifisch unterschiedliche Führung des Fadens im Streckwerk und zum Fadenauge.

Die Vergleichsmessungen wurden unter Einsatz von Nylon-Mackie-Läufern verschiedenen Gewichts (nom. 300 und 400 mg) mit Werggarn Ne_L 20 (84 tex), schw.Kette, ausgeführt. Auf beiden Maschinen wurden Verzug, Garndrehung und Ablieferungsgeschwindigkeit einheitlich gehalten.

2.6 Einfluß des Läufers auf die Fadenbruchhäufigkeit

Unterschiedliche Fadenspannungen wirken sich auf den Spinnvorgang aus. Eine Charakterisierung dieses Einflusses ist durch die Fadenbruchhäufigkeit, d.h. durch die Anzahl der Fadenbrüche/100 Spdl.-Std. gegeben.

Es wurden Beobachtungen der Fadenbruchhäufigkeit beim Spinnen mit Läufern verschiedener Ausführung und verschiedener Gewichte auf der Mackie-Betriebsmaschine gemäß Abschnitt 2.2 mit Flachswerggarn Ne_L 18 (92 tex), Ia Schuß, vorgenommen. Dabei kamen Nylonläufer auf Mackie-Ringen sowie Ohrläufer aus Compositionsmetall und aus Nylon auf HZ-III-Ringen zur Verwendung. Die letztgenannten Ringe wurden in die Mackie-Maschine in einer besonderen Ringschiene eingesetzt.

Der notwendige Umbau an der Maschine bedingte eine Beschränkung in der Anzahl der zu den Fadenbruchbeobachtungen heranzuziehenden Spindeln auf 10 Spinnstellen. Um ausreichend gesicherte Werte der Fadenbruchhäufigkeit zu erhalten, wurden die Zählungen auf sechs Abzüge ausgedehnt; das entspricht der Überprüfung einer gesamten gesponnenen Garnlänge von ca. 80 000 m. Die Ergebnisse der Fadenbruchbeobachtungen waren deutlich genug, um in Kenntnis der Größenordnung für die bei gut arbeitenden Betriebsmaschinen auftretenden Fadenbruchhäufigkeiten den Versuchsumfang als ausreichend anzusehen.

Der Variationsbereich für das Läufergewicht war naturgemäß auf der Betriebsmaschine begrenzt, da hier bei übermäßig schweren und bei übermäßig leichten Läufern die Fadenbruchzahl schnell eine Grenze erreicht, die ein praktisches Spinnen bzw. eine präzise Erfassung der Fadenbrüche unmöglich machen. Die Beobachtungen konnten deshalb jeweils nur bei vier verschiedenen Läufergewichten vorgenommen werden.

2.7 Einfluß der Spinnspannung auf die Garnfestigkeit

Aus der Erfahrung ist bekannt, daß bei naßgesponnenem Leinengarn eine Beziehung zwischen der Spinnspannung und der Bruchlast besteht.

Um einen Überblick über das Ausmaß dieses Einflusses zu erhalten, wurden die gemäß Abschnitt 2.51 bis 2.56 und 2.6 hergestellten Garne auf ihre Festigkeit geprüft. Da für diese Untersuchungen eine sehr große Anzahl von Einzelaufnahmen zur Verfügung stand, konnte eine statistische Auswertung in Form einer Korrelationsrechnung für die einzelnen Versuchsreihen und für ihre Gesamtheit aufgestellt werden.

3. Meßergebnisse

3.1 Auswirkung von Ring und Läufer auf die Fadenspannung

Abbildung 6 zeigt von rechts nach links[8] den Spannungsverlauf über ganze Abzüge beim Spinnen von Flachsgarn Ne_L 30 (56 tex) mit HZ-III-Ring und mit Ohrläufer aus Compositionsmetall (1) mit HZ-III-Ring und mit Ohrläufer aus Nylon (2) mit Mackie-Ring und Speziallläufer aus Nylon (3).

Die Läufer wurden so gewählt, daß die Fadenspannungen beim Spinnen auf Kegelbasis sich nach erfolgtem Kopsaufbau auf etwa gleiche Höhe einspielten. Die die Kurvenzüge nach oben begrenzenden Diagrammspitzen zeigen die Spinnspannungen beim Aufwinden des Fadens auf die Kegelspitze an. Beim Vergleich der Spannungsspiele zwischen den drei verschiedenen Läuferformen fällt auf, daß beim Ohrläufer aus Compositionsmetall die höchsten, beim Spinnen mit Mackie-Ring und Spezialnylonläufer die geringsten Spannungsunterschiede zwischen Kegelbasis und Kegelspitze auftreten.

Im ganzen gesehen zeigen die Spannungen den typischen Verlauf. Rechts Kopaufbau mit geringen Spannungsspielen, die sich erst mit zunehmendem Basisdurchmesser ausbilden. Es fallen Einschnitte ins Auge, bei denen es sich um das periodische Schmieren der Ringe handelt. Hier sinken die Spannungen deutlich ab, jedoch nur auf verhältnismäßig kurze Zeit. Mit der Verteilung des Öls steigt die Reibung zwischen Läufer und Ring wieder an und bleibt dann für längere Zeit konstant.

---

8. Es sei daran erinnert: Alle Originaldiagramme sind von **rechts** nach links zu lesen.

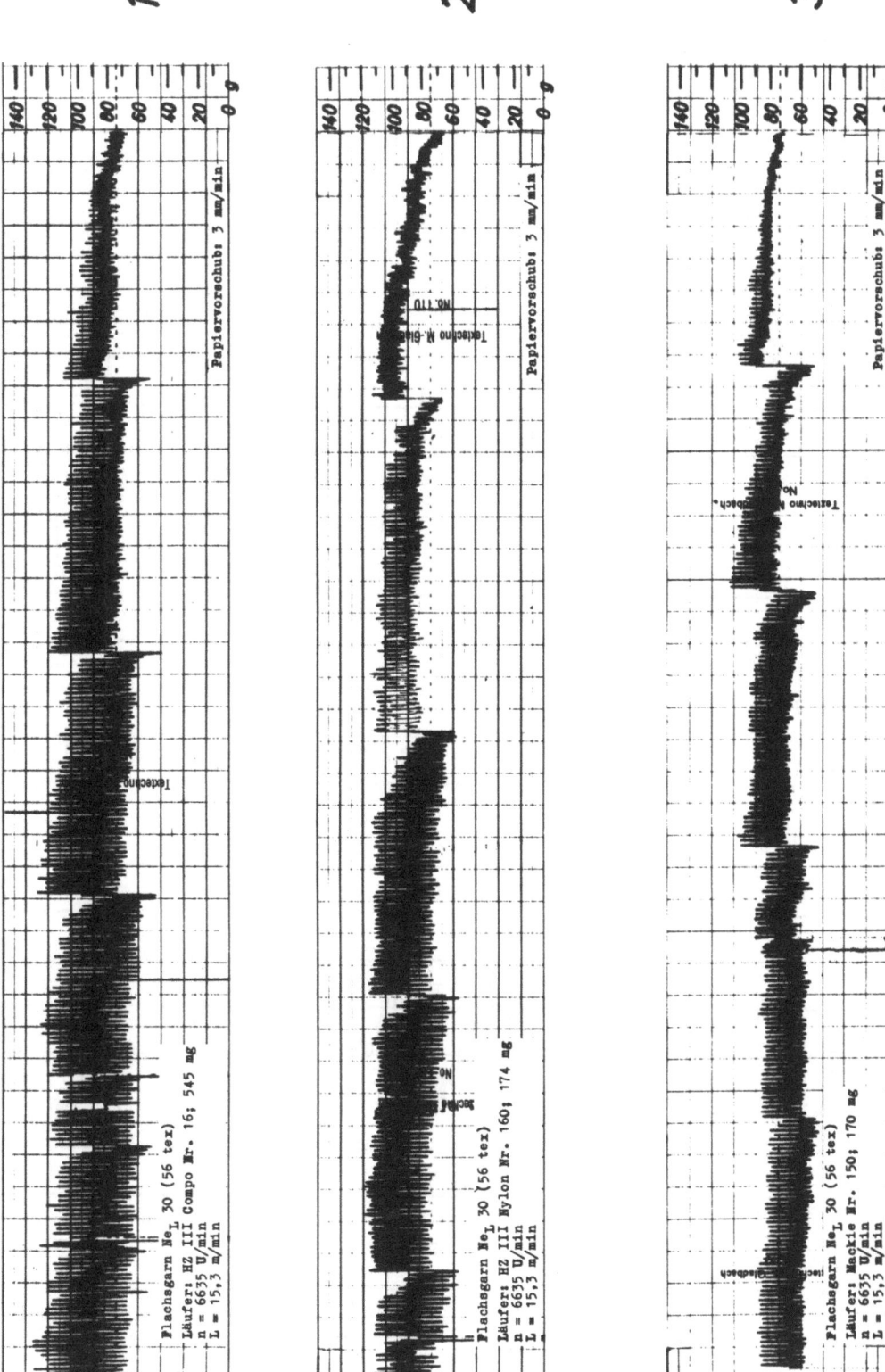

Abbildung 6

Fadenspannung an Naßringspinnmaschinen

In den Abbildungen 7 bis 9 sind weitere Spannungsaufnahmen wiedergegeben, die mit sämtlichen in Abschnitt 2.51 beschriebenen und gezeigten Läufern gemacht wurden. Auch hier wurde darauf geachtet, daß die Spinnspannungen beim Winden auf die Kegelbasis des Garnkörpers für alle Läuferformen und -ausführungen möglichst auf gleicher Höhe lagen. Die Bezeichnungen der Kurven entsprechen den unter Abschnitt 2.51 angegebenen Zahlen für die in Abbildung 5 gezeigten Läufer. Bei diesen Aufnahmen wurde der Spannungsverlauf über eine begrenzte Zeit gemessen, wobei mit schnellem Papiervorschub gearbeitet wurde, so daß die Charakteristik des Spannungsverlaufes während der Windungsspiele deutlich zum Ausdruck kommt.

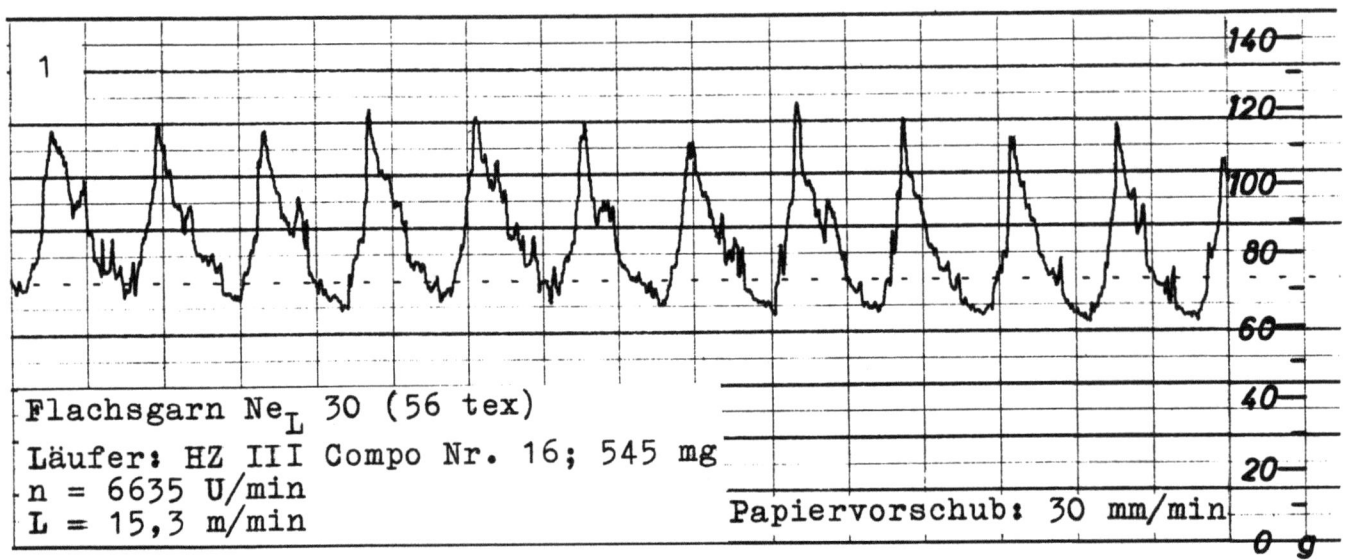

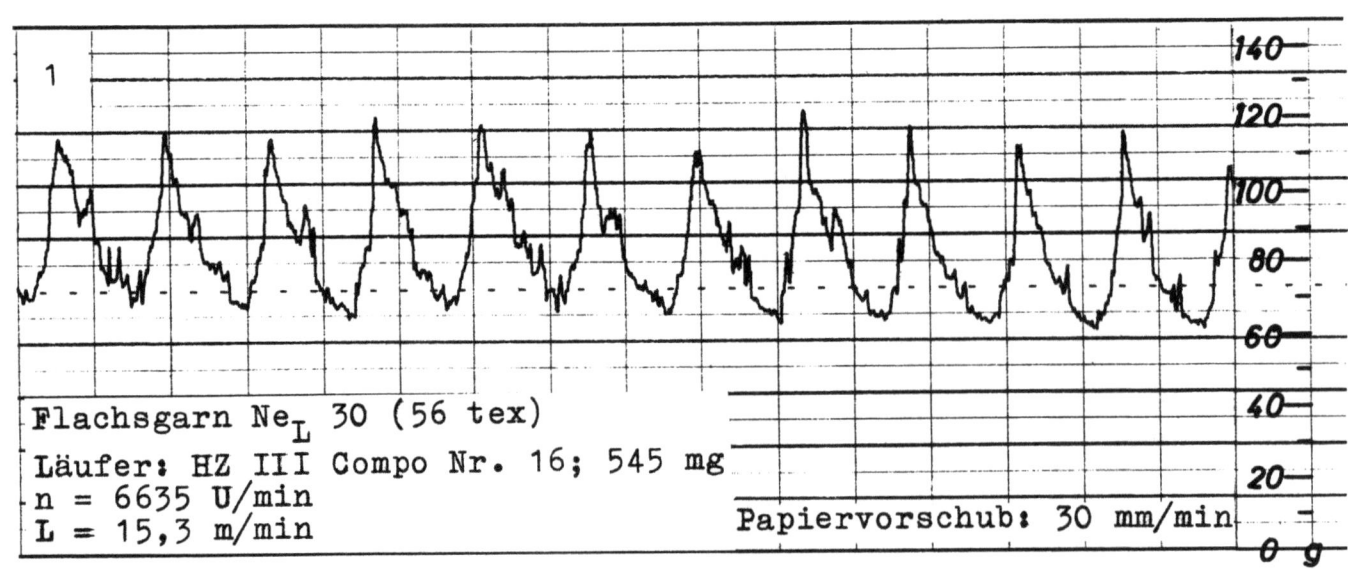

A b b i l d u n g   7
Fadenspannung an Naßringspinnmaschinen

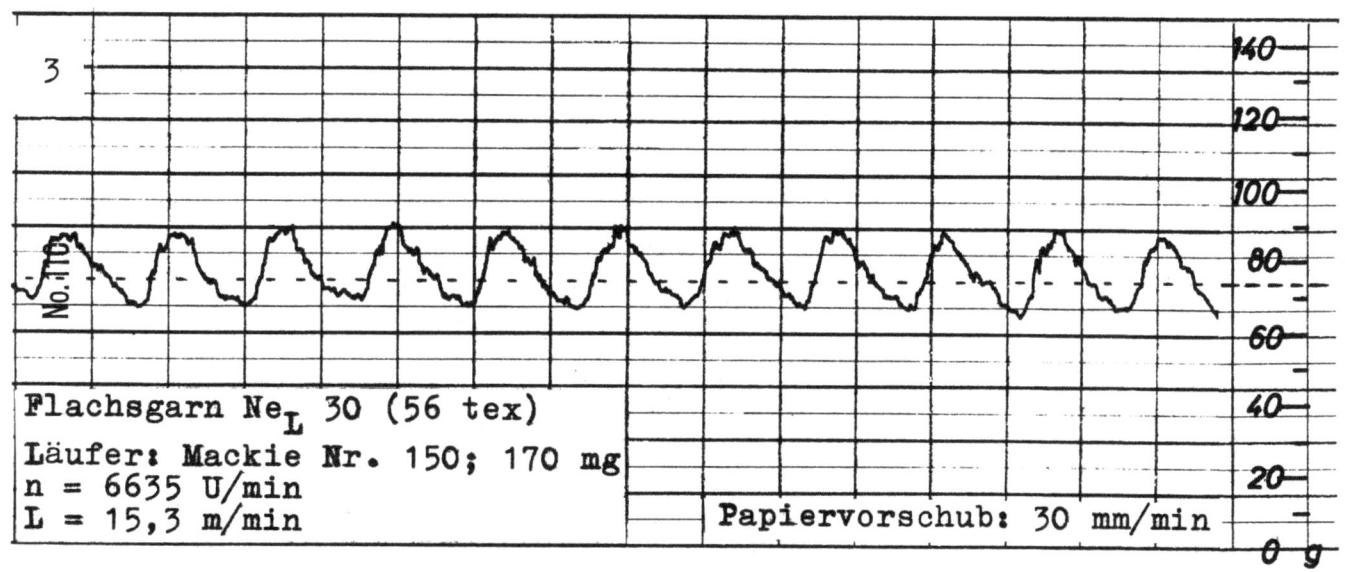

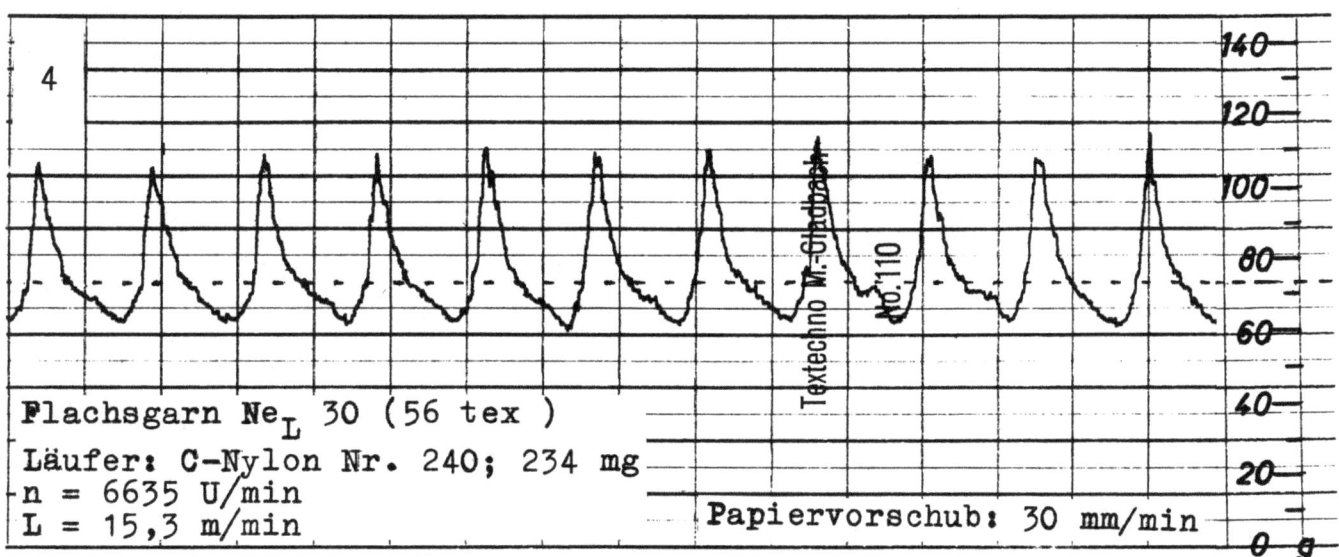

Abbildung 8
Fadenspannung an Naßringspinnmaschinen

Vergleicht man die sieben zu dieser Aufnahmegruppe gehörenden Diagramme, so ist ersichtlich, daß bei dem Ohrläufer aus Compositionsmetall (1) (Abb. 7) auf HZ-III-Ring große Schwankungen zwischen Basis- und Spitzenspannung auftreten und eine merkbare Unruhe innerhalb der Hubspiele herrscht. Der Ohrläufer aus Nylon (2) (Abb. 7) auf HZ-III-Ring hat zwar geringere Unterschiede zwischen Basis- und Spitzenspannung, dafür aber starke Unruheerscheinungen. Bei dem Mackie-Läufer (3) (Abb. 8) auf Spezialflanschring fällt der geringe Spannungsunterschied zwischen Basis und Spitze und auch der verhältnismäßig ruhige Ablauf der Spannungsspiels auf. Der C-Läufer aus Nylon (4) (Abb. 8) auf Flanschring zeigt

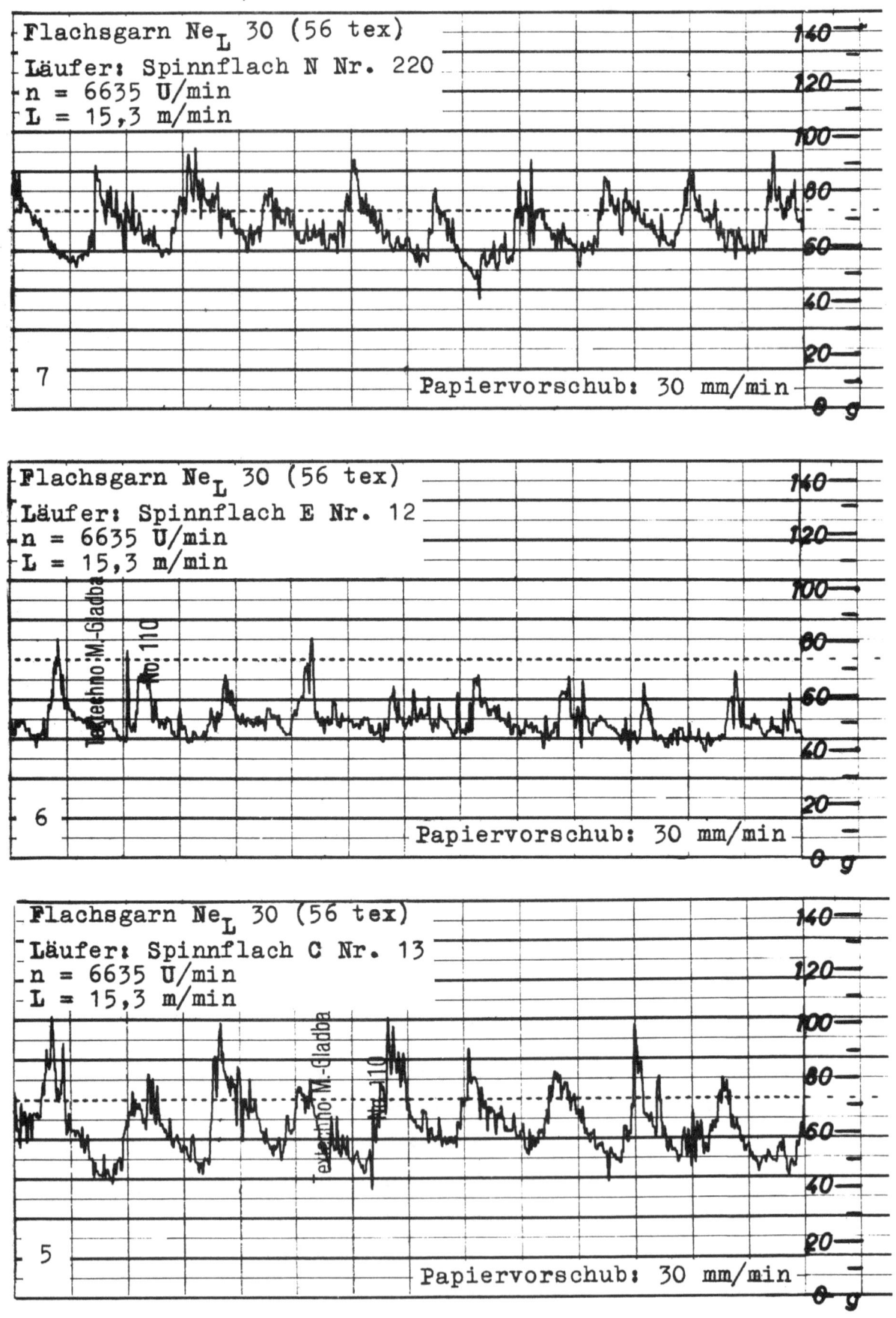

Abbildung 9
Fadenspannung an Naßringspinnmaschinen

einen verhältnismäßig ruhigen Lauf bei großen Unterschieden zwischen Basis- und Spitzenspannung.

Abbildung 9 zeigt die Spannungsdiagramme für Spinnflachläufer, und zwar für C-Läufer (5), für Elliptik-Läufer (6) und für N-Läufer (7) alle auf Flanschring. Dabei war es nicht in allen Fällen gelungen, die Basisspannungen den in den vorbeschriebenen Diagrammen eingehaltenen Werten anzupassen. Dennoch sind Gegenüberstellungen möglich, aus denen hervorgeht, daß sich C- und N-Läufer nicht günstig verhalten. Sie verursachen große Spannungsunterschiede beim Winden auf Basis bzw. Spitze und sind

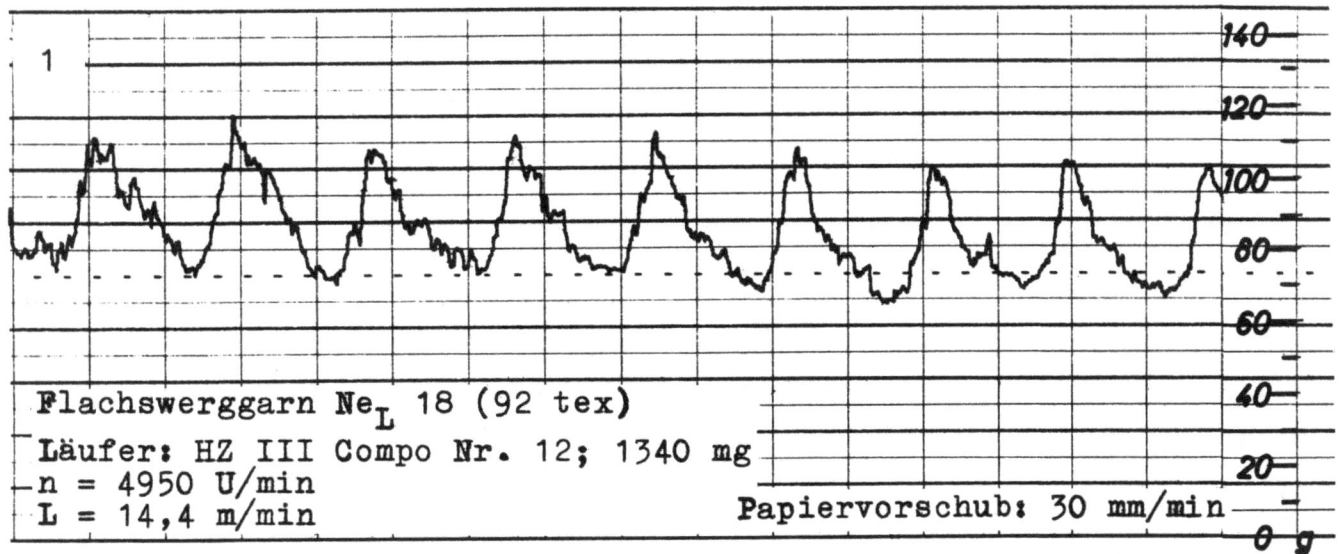

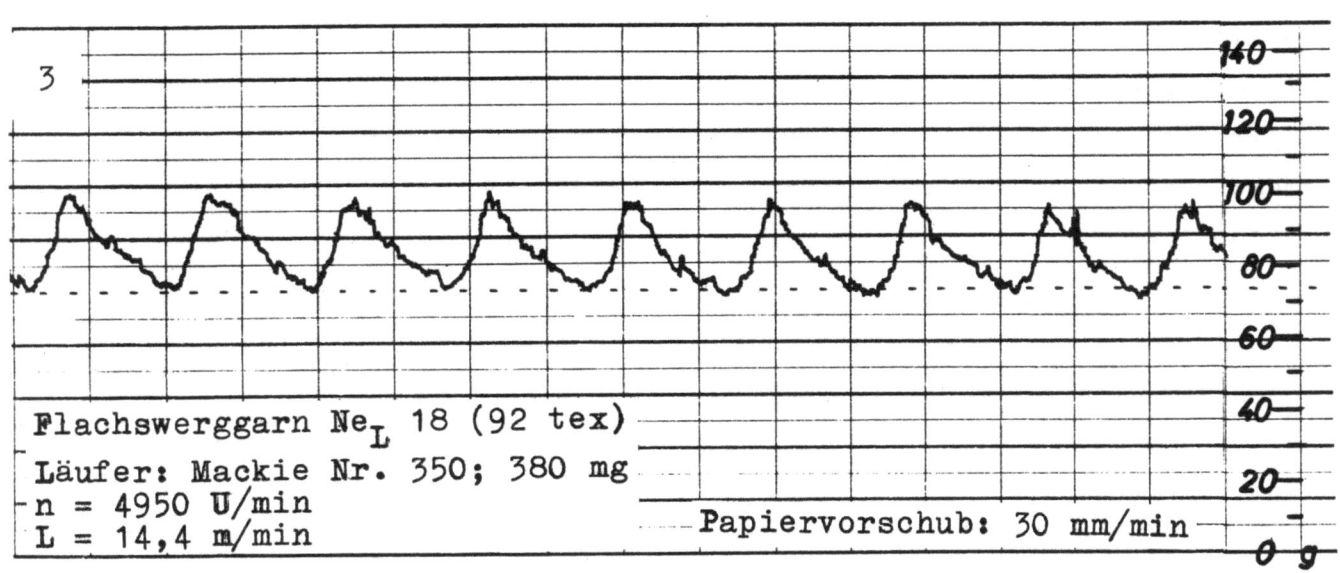

A b b i l d u n g 10
Fadenspannung an Naßringspinnmaschinen

einer starken Unruhe während des Hubspieles unterworfen. Auch der Elliptik-Läufer zeigt trotz eines beachtlichen Ausgleichs zwischen Basis und Spitze starke - zufällig auftretende - Unruheerscheinungen.

Die Beobachtungen der Spinnflachläufer mußten auf die hier beschriebenen Aufnahmen beschränkt bleiben, weil der starke Verschleiß bei den auftretenden hohen Spannungen trotz Schmierung einen praktischen Einsatz dieser Läufer für das Naßringspinnen von Bastfasergarnen nicht erlaubt.

In Abbildung 10 sind noch Spannungskurven wiedergegeben, die mit einem anderen Garn - Flachswerggarn Ne_L 18 (92 tex), Ia Schuß - aufgenommen wurden, und zwar mit Ohrläufer aus Compositionsmetall (1) auf HZ-III-Ring und mit Mackie-Läufer aus Nylon (3) auf Spezialflanschring. Auch bei dieser Garnnummer zeigen sich beim Mackie-Läufer die weniger ausgeprägten Unterschiede zwischen Basis und Spitze und der im ganzen ruhigere Verlauf der Spannungskurve.

3.2 Auswirkung des Läufergewichts auf die Fadenspannung

Die Ergebnisse der Messungen, die unter Einsatz von Ohrläufern aus Compositionsmetall und Nylon auf HZ-III-Ringen sowie von Nylon-Spezialläufern auf Mackie-Ringen und C-Läufern aus Nylon auf Flanschringen gemacht wurden, sind in Tabelle 2 für Flachsgarn Ne_L 30 (56 tex) zusammengefaßt. Die Tabelle enthält an erster Stelle die Läufernummer bzw. das Soll-Gewicht des Läufers, dem das Ist-Gewicht in der nächsten Spalte gegenübersteht. Das letztere stellt den Mittelwert aus den Gewichten der tatsächlich zum Einsatz gekommenen Läufer dar, die jedoch so gewählt wurden, daß sie dem mittleren Gewicht der Läufersendung am nächsten kamen. Die letzte Spalte der Tabelle enthält die gemessenen Basis- und Spitzenspannungen bei einer Ballonhöhe von 230 mm. Die Auswertung der Meßergebnisse erfolgte nach den unter Abschnitt 2.4 festgelegten Gesichtspunkten.

Neben der bekannten Tatsache, daß die Fadenspannung mit zunehmendem Läufergewicht ansteigt, fällt auf, daß je nach Ausführung Läufer gleichen Gewichts recht unterschiedliche Spinnspannungen erzeugen. Derartige Unterschiede lassen sich z.B. zwischen den beiden Ohrläufern aus Compositionsmetall und Nylon feststellen; ebenso zwischen dem Nylonläufer in Spezialausführung von Mackie und dem in C-Form. Bei den Ohrläufern erzielen die aus Nylon gegenüber den Läufern aus Compositionsmetall die gleichen Spinnspannungen bei wesentlich niedrigeren Gewichten. Bei den Flanschringläufern ergeben sich bei der Mackieausführung erheblich höhere Spinnspannungen als bei Nylon C-Läufern gleichen Gewichts.

Tabelle 2

Läufergewichte und Fadenspannung

Flachsgarn Ne_L 30 (56 tex); n_{spi} = 6635 U/min

Läufer-Nr.	Läufergewicht Soll [mg]	Ist [mg]	Fadenspannung Basis [g]	Spitze [g]
Ohrläufer aus Compositionsmetall auf HZ-III-Ring				
19	252	255	49	75
18	340	340	58	82
17	440	440	69	123
16	560	545	84	129
15	700	680	90	133
Ohrläufer aus Nylon auf HZ-III-Ring				
	100	110	59	80
	130	130	61	91
	160	174	88	122
	200	191	87	113
Mackieläufer aus Nylon auf Spezialflanschring				
	150	170	75	104
	200	203	113	149
	250	237	142	190
	300	296	152	202
C-Läufer aus Nylon auf Flanschring				
	140	135	50	65
	185	191	56	92
	220	202	77	120
	240	234	72	112
	280	268	89	130

Ebenso wie die absoluten Höhen der Spinnspannung ist auch deren Anstieg mit zunehmendem Läufergewicht für die verschiedenen Läuferformen und -materialien verschieden.

Der Verlauf dieser Spannungssteigerungen ist aus der Abbildung 11 ersichtlich. Vom Schnittpunkt der Achsen sind nach rechts auf der x-Achse die Läufergewichte eingezeichnet und über diesen in Richtung der y-Achse die Spinnspannungen. Zu jedem Läufergewicht und jeder Läuferform gehören zwei Kurvenzüge. Die untere Kurve entspricht dem Mittel der gemessenen Spinnspannungen an der Kopbasis, die obere Kurve den an der Kopspitze.

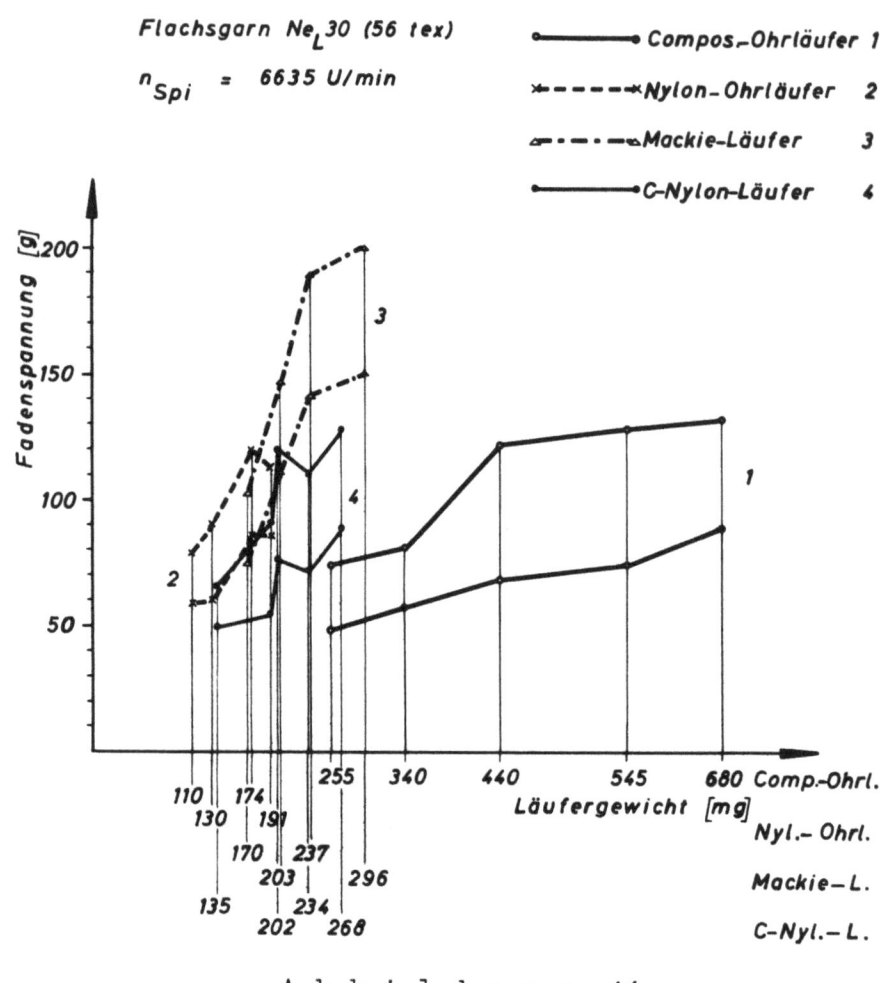

Abbildung 11
Fadenspannung an Naßringspinnmaschinen

In der genannten Abbildung sind die Spannungskurven für vier Läuferausführungen eingezeichnet. Die Darstellung zeigt für zunehmende Gewichte bei Metallohrläufern (1) den charakteristischen allmählichen Anstieg der gemessenen Spannungen. Bei den Läufern aus Nylon ist der gleiche Spannungsanstieg innerhalb wesentlich kleinerer Gewichtsdifferenzen der Läufer erreicht, wie der Kurvenverlauf für den Ohrläufer aus Nylon (2), den Nylon Mackie-Läufer (3) und den C-Nylon-Läufer (4) erkennen läßt. Der Neigungswinkel der Spannungskurven ist demnach durch das Material des Läufers bestimmt.

Aus der Abbildung sind die Fadenspannungen, die an Basis und Spitze des Windungskegels gemessen wurden, ersichtlich. Der Gewichtsbereich der bei den Versuchen eingesetzten Läufer war Basisspannungen zwischen rd. 50 bis 90 g angepaßt.

Lediglich bei dem Mackie-Speziallläufer wurde mit höheren Fadenspannungen gearbeitet, weil dieser, speziell für das Naßspinnen von Bastfasern geschaffene Läufer auf Grund seiner Eigenschaften eine aus noch zu erläuternden Gründen angestrebte Erhöhung der Fadenspannungen zuläßt.

Die genannten Grenzspannungen von 50 bis 90 g an der Basis wurden bei den Ohrläufern aus Metall mit Gewichten zwischen 255 und 680 mg, beim Ohrläufer aus Nylon mit Gewichten von 100 bis 200 mg und bei C-Läufern aus Nylon mit Läufergewichten von 135 bis 270 mg erreicht. Bei der Mackie-Ausführung wurden im Läuferbereich von 170 bis 300 mg Fadenspannungen von 75 bis 150 g gemessen. Liegen auch, wie schon erwähnt, die Linien des Spannungsverlaufes bei den Nylonläufern im wesentlichen parallel, so sind doch formbedingt die erreichten Spinnspannungen bei gleichem Läufergewicht recht unterschiedlich.

Auf das Verhältnis zwischen Spitzen- und Basisspannungen wird bei der zusammenfassenden Betrachtung der Messungen einzugehen sein.

Als sehr schwierig ergab sich das Arbeiten mit dem C-Läufer aus Nylon (4). Ist schon der Verlauf der in Abbildung 11 dargestellten Spannungskurve unstetig, waren bei Wiederholungen teilweise derartige Abweichungen festzustellen, daß eine Reproduzierbarkeit der Ergebnisse in Frage gestellt war. Der Grund hierfür ist wohl in Formabweichungen zu suchen, die auf die Art der Herstellung zurückzuführen sind. Diese Läuferart wurde deshalb aus den weiteren Untersuchungen herausgenommen.

Tabelle 3 enthält die Werte der verschiedenen Spannungsmessungen mit Flachswerggarn Ne_L 18 (92 tex), Ia Schuß. Zu dieser Wiederholung wurden Ohrläufer aus Compositionsmetall auf HZ-Ring und Mackieläufer aus Nylon auf Spezialflanschring herangezogen, weil sich diese beiden Formen als einzige in der praktischen Bastfaserspinnerei eingeführt haben, wie es sich im Verlauf der durch diesen Bericht abgeschlossenen Untersuchungsarbeit gezeigt hat, auch mit Recht.

Tabelle 3

Läufergewichte und Fadenspannung

Flachswerggarn Ne_L 18 (92 tex); n_{spi} = 4960 U/min

Läufer-Nr.	Läufergewicht Soll [mg]	Ist [mg]	Fadenspannung Basis [g]	Spitze [g]
Ohrläufer aus Compositionsmetall auf HZ-III-Ring				
15	700	710	51	78
14	850	848	61	86
13	1050	1056	67	95
12	1300	1339	69	103
11	1550	1564	82	117
Mackieläufer aus Nylon auf Spezialflanschring				
	250	237	48	60
	300	296	62	85
	350	380	76	101
	400	400	83	110

Die zugehörigen Spannungskurven sind in Abbildung 12 wiedergegeben[9]. Wiederum ist beim Messing-Ohrläufer der verhältnismäßig flache Anstieg der Spinnspannungen mit zunehmendem Läufergewicht zu beobachten, während der Mackieläufer aus Nylon einen steileren Anstieg der Spannungskurve zeigt. Auch beim Spinnen des Werggarns kam der Einfluß des Läufermaterials darin zum Ausdruck, daß beim Nylon-Läufer erheblich kleinere Läufergewichte zum Erzielen bestimmter Fadenspannungen ausreichen. Die Möglichkeit, mit den vorteilhaften Mackieläufern bei höheren Fadenspannungen zu spinnen, kam bei den Werggarnmessungen nicht zum Ausdruck, da ein ausreichendes Sortiment schwererer Mackieläufer fehlte.

---

9. Bei der Wiedergabe der graphischen Darstellungen sind die Größen der Meßstäbe jeweils im gleichen Verhältnis verändert, so daß die Relation zwischen den eingezeichneten Werten erhalten bleibt und vor allem die Neigungswinkel der Spannungslinien vergleichbar sind.

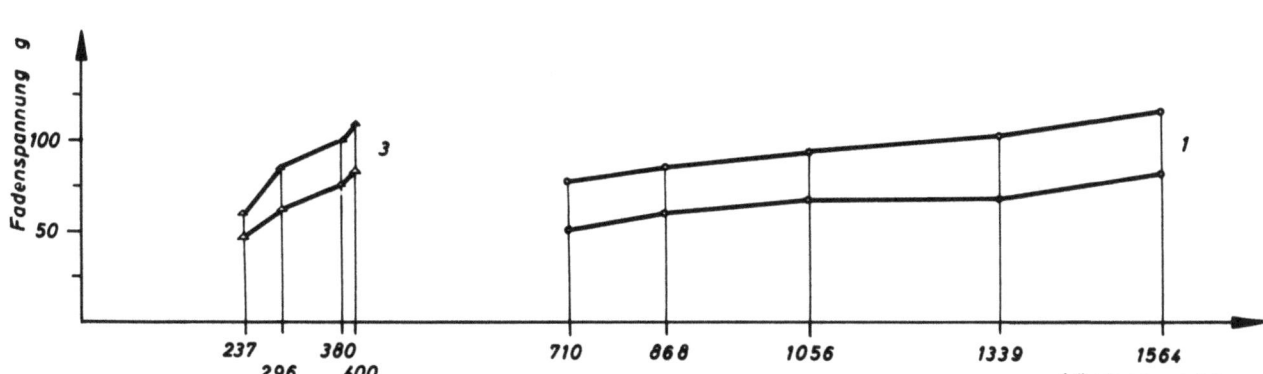

Abbildung 12
Fadenspannung an Naßringspinnmaschinen
Werggarn Ne_L 18 (92 tex); n_{spi} = 4960 U/min

3.3 Auswirkung der Ballonhöhe auf die Fadenspannung

In Tabelle 4 mit den Spalten für Läufernummer, Soll- und Istgewicht, die jetzt auch Ballonhöhe und die festgestellten Fadenspannungen enthält, sind die Werte aus einer Versuchsreihe eingetragen, bei der mit Ohrläufern aus Compositionsmetall (1), Nylon (2) sowie Mackieläufern aus Nylon (3) bei gleichbleibendem Gewicht mit verschiedenen Ballonhöhen gearbeitet wurde. Die Gewichte der drei Läuferausführungen wurden so gewählt, daß die Basisspannungen bei der niedrigsten Ballonhöhe etwa übereinstimmen.

Aus den Ergebnissen der Messungen ist zu erkennen, daß die Veränderung der Ballonhöhe von 210 auf 230 und 240 mm mit einem Ansteigen der Spinnspannungen verbunden ist. Diese Abhängigkeit geht auch aus dem Verlauf der Kurven in Abbildung 13 hervor, in der die Ballonhöhe auf der x-Achse und darüber in Richtung der y-Achse die Spinnspannungen für Kopbasis und -spitze aufgetragen sind. Entsprechend den geringen Unterschieden in der Ballonhöhe sind auch die Spannungsveränderungen nicht bedeutend.

Am stärksten macht sich die Abhängigkeit der Fadenspannung von der Ballonhöhe noch bei dem Läufer aus Compositionsmetall bemerkbar, bei dem die Verkürzung der Ballonhöhe von 240 auf 210 mm einen Rückgang der Fadenspannung im Mittel um rd. 15 % brachte, weniger beim Ohrläufer aus Nylon und kaum noch beim Mackie-Speziallläufer aus Nylon[10].

---

10. Die Messungen mit dem letztgenannten Läufer sind nur bei zwei verschiedenen Ballonhöhen durchgeführt worden.

Tabelle 4

Ballonhöhe und Fadenspannung

Flachsgarn Ne_L 30 (56 tex); n_{spi} = 6635 U/min

Läufer-Nr.	Läufergewicht Soll [mg]	Ist [mg]	Ballonhöhe [mm]	Fadenspannung Basis [g]	Spitze [g]
Ohrläufer aus Compositionsmetall auf HZ-III-Ring					
16	560	545	210	75	125
16	560	545	230	84	129
16	560	545	240	92	139
Ohrläufer aus Nylon auf HZ-III-Ring					
	200	191	210	79	107
	200	191	230	87	113
	200	191	240	84	114
Mackieläufer aus Nylon auf Spezialflanschring					
	150	170	210	74	100
	150	170	230	75	104

Diese Tatsache ist für die Konstruktion der Spinnmaschinen von Bedeutung. Die Annahme, daß durch eine Verringerung der Ballonhöhe, d.h. des Abstandes von Ringoberkante zum Fadenauge eine Verbesserung der Spinnbedingungen erreicht wird, scheint nicht zutreffend zu sein. Die beobachteten geringfügigen Veränderungen in der Fadenspannung können keine wesentlichen Unterschiede in der Fadenbruchhäufigkeit hervorrufen. Voraussetzung für einen langen Ballon und damit die Möglichkeit der Verwendung größerer Kops ist allerdings, daß die notwendigen Vorkehrungen zur Abschirmung des Fadenballons getroffen werden. Es wird in einem späteren Abschnitt noch über den Einsatz von Balloneinengungsringen zu sprechen sein, die der Kontrolle des Fadenballons dienen und durch welche die Gefahr des Zusammenschlagens benachbarter Ballons vermindert wird. Weiterhin ist der Einbau von Trennblechen bei großen Ballonhöhen zu empfehlen, die beim Naßringspinnen von Leinengarnen, deren naturgegebene kurzwellige Masseschwankungen Störungen in der Ausbildung des Ballons verursachen, sich in gleicher Weise günstig auswirken und auch Schleuderfadenbrüche vermeiden helfen.

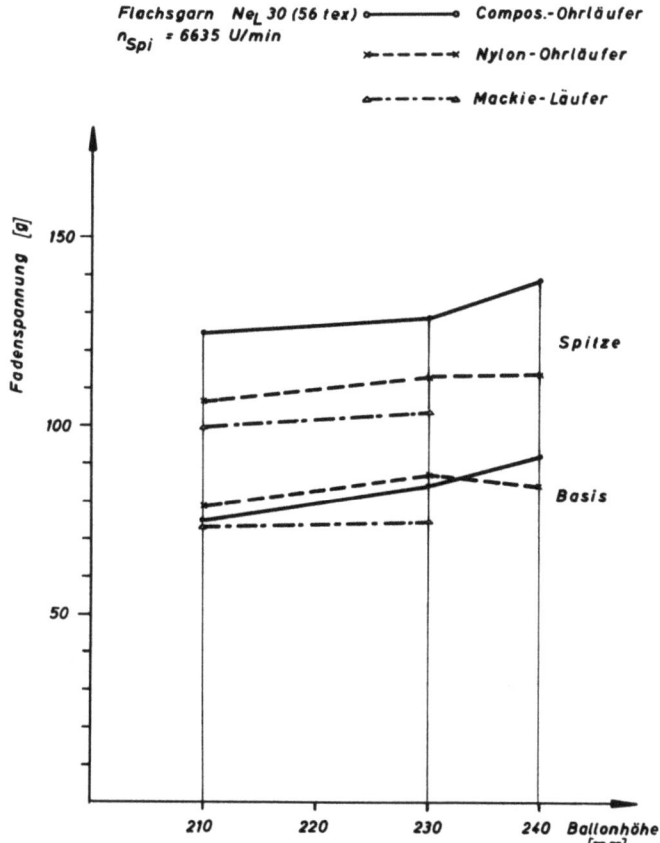

Abbildung 13
Fadenspannung an Naßringspinnmaschinen

3.4 Zusammenfassung der Auswirkungen von Ring- und Läuferausführung auf die Fadenspannung unter Einbeziehung der Fadenbruchhäufigkeit

In den vorhergehenden Abschnitten 3.1 bis 3.3 sind die Auswirkungen von Läuferausführung, Läufergewicht und Ballonhöhe auf die beim Naßringspinnen entstehenden Fadenspannungen gezeigt worden. Um einen Zusammenhang zwischen allen, die Spinnspannungen beeinflussenden variablen Faktoren zu bekommen, ist eine Betrachtung ihrer gegenseitigen Einwirkungen notwendig.

In den Tabellen 5 bis 7 sind die Meßwerte der Spinnspannungen für drei Läuferformen, und zwar Ohrläufer aus Compositionsmetall (1), Nylon (2) und Mackieläufer aus Nylon (3) bei verschiedenen Läufergewichten und Ballonhöhen eingesetzt. Die Tabellen enthalten in der ersten Spalte Nummer bzw. Soll- und Istgewicht der Läufer. In der folgenden Spalte steht die Ballonhöhe, bei der die Messungen durchgeführt wurden, und in die letzten beiden Spalten sind die gemessenen Spannungen beim Spinnen auf Basis und Spitze des Windungskegels eingetragen.

Tabelle 5

Läufergewichte, Ballonhöhe und Fadenspannung

Flachsgarn Ne_L 30 (56 tex); n_{spi} = 6635 U/min

Läufer-Nr.	Läufergewicht Soll [mg]	Ist [mg]	Ballonhöhe [mm]	Fadenspannung Basis [g]	Spitze [g]
Ohrläufer aus Compositionsmetall auf HZ-III-Ring					
20	185	187		45	63
19	255	255		45	72
18	340	340	210	51	81
17	440	440		63	105
16	560	545		75	125
15	700	680		76	133
19	255	255		49	75
18	340	340		58	82
17	440	440	230	69	122
16	560	545		84	129
15	700	680		90	133
18	340	340		60	84
17	440	440	240	73	129
16	560	545		92	139

In Abbildung 14 sind die in den Tabellen zusammengestellten Meßwerte für die drei Läuferformen getrennt in Raumkurven dargestellt. Bei allen Abbildungen ist auf der x-Achse das Läufergewicht, vertikal - in Richtung der y-Achse - die Höhe der Spinnspannung und in der Horizontalen senkrecht zur xy-Ebene ist parallel zur z-Achse die Ballonhöhe aufgetragen. Daraus ergibt sich für alle Versuchswerte, die mit einer Läuferform ausgeführt wurden, ein zusammenhängendes Bild. Jedes Bild enthält zwei übereinanderliegende räumliche Gebilde, da in vertikaler Richtung für jeden Versuchspunkt die Spinnspannung beim Winden auf Kopbasis und Kopspitze eingezeichnet wurden. Mit 1 ist die Raumkurve für den Ohrläufer aus Compositionsmetall auf HZ-III-Ring, mit 2 für den Ohrläufer aus Nylon auf HZ-III-Ring und mit 3 für den Mackieläufer aus Nylon auf Spezialflanschring bezeichnet.

Tabellen 6 und 7

Läufergewicht, Ballonhöhe und Fadenspannung

Flachsgarn Ne_L 30 (56 tex); n_{spi} = 6635 U/min

Läufergewicht		Ballonhöhe	Fadenspannung	
Soll [mg]	Ist [mg]	[mm]	Basis [g]	Spitze [g]
Ohrläufer aus Nylon auf HZ-III-Ring				
100	110	210	58	76
130	130		55	84
160	174		86	121
200	191		79	107
100	110	230	59	80
130	130		61	91
160	174		88	122
200	191		87	113
100	110	240	64	88
130	130		66	103
160	174		101	139
200	191		84	114
Mackieläufer aus Nylon auf Spezialflanschring				
150	170	210	74	100
200	203		109	145
250	237		133	172
300	296		147	186
150	170	230	75	104
200	203		113	149
250	237		142	190
300	296		152	202

Die Messungen sind bei den einzelnen Ballonhöhen nicht immer mit der gleichen Anzahl von Läufernummern bzw. -gewichten ausgeführt worden. Dies hängt damit zusammen, daß mit zunehmender Ballonhöhe - besonders bei leichten Läufern - die Ausbildung des Ballons zu stark wurde. Ähnlich verhält es sich beim Einsatz von zu schweren Läufern, die durch ihre hohen Reibwerte eine Häufung der Fadenbrüche herbeiführen.

Betrachtet man die drei doppelten Raumdiagramme jedes für sich, so ist zunächst eine befriedigende Übereinstimmung der Veränderlichkeiten von Basis- und Spitzenspannung in Abhängigkeit von den untersuchten Faktoren festzustellen. Auch zeigen die wechselseitigen Auswirkungen von Läufergewicht und Ballonhöhe gute Übereinstimmung. Dies ergibt die erwünschte Sicherheit, daß die sich beim Vergleich der Raumdiagramme gegeneinander ergebenden Unterschiede charakteristische Erscheinungen bei den jeweiligen Läuferausführungen wiedergeben.

Beginnen wir bei dem Raumdiagramm des Ohrläufers aus Compositionsmetall (1) in Abbildung 14. Es fällt auf, daß der rein theoretisch zu erwartende lineare Anstieg der Fadenspannung mit zunehmendem Läufergewicht nicht eintritt. Bei leichten Läufergewichten ergibt sich die Spinnspannung höher, bei den schwereren Läufern niedriger als es bei einer gradlinigen Beziehung der Fall hätte sein müssen. Dies zeigt an, daß die Reibungsverhältnisse zwischen Ring und Läufer nicht bei allen Läufergewichten konstant bleiben.

Tatsächlich ist aus früheren Untersuchungen[11] bekannt, daß die Bewegung des Läufers auf dem Ring nicht gleichförmig vor sich geht. Ein Rechnen mit einem unveränderlich bleibenden Reibungskoeffizienten zwischen Läufer und Ring ist nicht statthaft. Viele Forscher und Verfasser haben bereits die "Läuferunruhe" behandelt, d.h. die durch Garnunregelmäßigkeiten, aber auch durch die periodischen Veränderungen der Fadenzugkräfte und ihrer Richtungen beim Spinnen auf Kop hervorgerufene dauernde Änderung der Läuferlage, die zu einem Schwirren und selbst zu "schockartigen Sprüngen" des Läufers führen kann. Die Reibung zwischen Läufer und Ring ist außer von einem konstanten und nur von dem Material der beiden Körper beeinflußten Reibungskoeffizienten zusätzlich abhängig von dem Maß der gekennzeichneten Läuferunruhe, die eine Steigerung der Reibung hervorruft. Sie wirkt sich bei geringem Anpreßdruck des Läufers an die Ringfläche, also z.B. bei niedrigen Läufergewichten in einem stärkeren Maße aus als bei schwereren Läufern mit dementsprechend hoher Zentrifugalkraft. Damit ist auch die Abweichung von der linearen Abhängigkeit zwischen Spinnspannung und Läufergewicht erklärt.

Daß die Erscheinung der Läuferunruhe und die sich aus dieser ergebenden Beeinflussung der Reibungsverhältnisse zwischen Ring und Läufer bei den relativ ungleichmäßigen Bastfasergarnen in besonders starkem Maße in

---

11. z.B. JOHANNSEN, O.: Die Fadenbrüche an der Ringspinnmaschine. Textil-Praxis 3 (1948), 195-301.

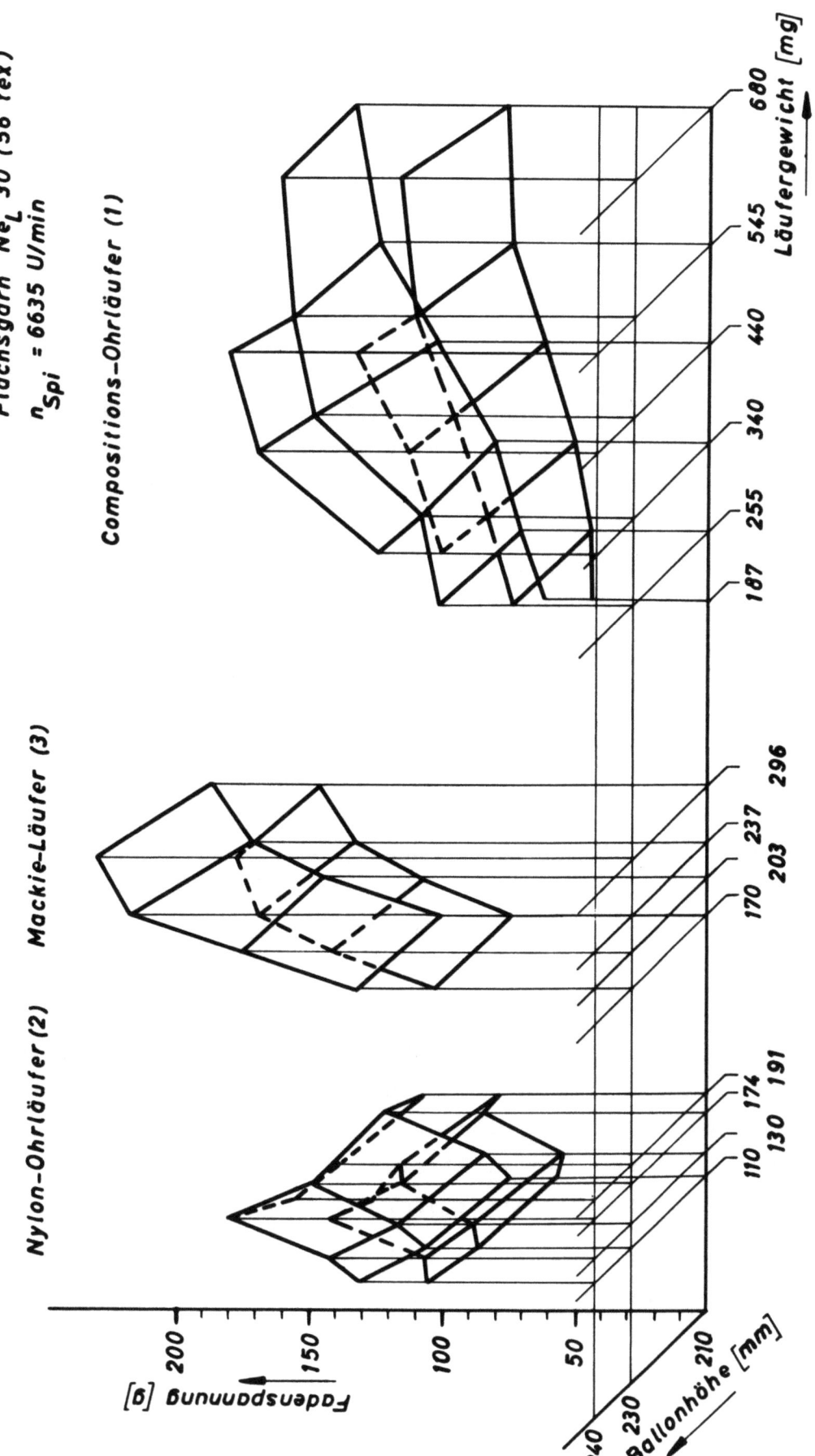

Abbildung 14
Fadenspannung an Naßringspinnmaschinen

Erscheinung treten, kann nicht überraschen. Sie bedingen auch andere Eigenheiten, die bei Betrachtung und bei Vergleich der gezeigten Raumdiagramme auffallen.

Die Darstellung des Spannungsverlaufes für den Ohrläufer aus Nylon (2), Abbildung 14, zeigt einen Verlauf, von dem man bei oberflächlicher Betrachtung annehmen könnte, daß er durch Zufallsergebnisse verzerrt ist. Daß es sich nicht um solche handelt, geht daraus hervor, daß der Kurvenverlauf stärker oder schwächer ausgeprägt, in dreifacher Wiederholung, nämlich bei drei verschiedenen Ballonhöhen festgestellt wurde. Zunächst scheint es, als sei die bereits beim Compositionsläufer beschriebene Erscheinung, daß die Spannungskurve bei großen und kleinen Läufergewichten von einer Geraden abweicht, hier besonders stark ausgeprägt und sogar derart überspitzt, daß bei einem bestimmten Läufergewicht eine Umkehrung eintritt, derart, daß z.B. bei dem Läufergewicht von 191 mg niedrigere Spannungen auftreten als bei 174 mg. Tatsächlich entsteht aber dieses Verhältnis nur dadurch, daß bei dem letztgenannten Läufer in Verbindung mit der herrschenden Spindeldrehzahl ein offensichtlich kritischer Bereich in bezug auf die Läuferunruhe eintritt, der sich bei allen drei Ballonhöhen auswirkte und der vor allem durch Merkmale mangelnder Konstanz in den zur Auswertung kommenden Originaldiagrammen zum Ausdruck kam[12].

Das dritte Raumdiagramm der Abbildung 14 faßt die Meßwerte der Spannungen beim Spinnen mit dem Mackieläufer aus Nylon (3) auf Spezialring zusammen. Der Verlauf der Spannungen zeigt die vergleichsweise beste Stetigkeit. Die Kurven sind steiler als beim Ohrläufer aus Compositionsmetall, zeigen aber mit Zunahme des Läufergewichtes die gleiche Tendenz zur Verflachung. Ihr Neigungswinkel entspricht bei niedrigen Läufergewichten etwa dem, der auch bei den anderen Nylonläufern festgestellt wurde und ist somit, wie bereits besprochen, materialbedingt. Kritische Erscheinungen sind bei dem Mackieläufer im untersuchten Gewichtsbereich nicht festzustellen. Hier wirkt sich seine durch die Formgebung bedingte gute Stabilität vorteilhaft aus.

Vergleicht man die Raumdiagramme der drei untersuchten Läuferarten miteinander, so sind einige bereits erwähnte charakteristische Merkmale ins Auge fallend. Niedrigen Läufergewichten in Nylonausführung stehen

---

12. Derartige Erscheinungen, wenn auch wesentlich gedämpfter, sind in einem gewissen Bereich um 440 mg Gewicht auch bei den Compositionsläufern aufgetreten.

bei gleichen oder sogar niedrigeren Spannungen wesentlich höhere Gewichte des Metalläufers gegenüber, was auf niedrigere spezifische Gewichte und den höheren Reibungskoeffizienten des Nylon gegenüber dem Stahl des Spinnringes zurückzuführen ist. Durch diesen höheren Reibungskoeffizienten erklärt sich auch, was leicht rechnerisch nachzuweisen ist, der prozentual geringere Unterschied zwischen Spitzen- und Basisspannungen bei den Läuferausführungen aus Nylon. Auf dieselben Ursachen geht auch der verhältnismäßig enge Gewichtsbereich der verwendbaren Nylonläufer im Vergleich zu der bei Metalläufern möglichen Auswahl der Läufergewichte zurück.

Während für die Verhältniszahlen zwischen Spitzenspannung und Basisspannung bei den Ohrläufern aus Metall ein Durchschnitt von rd. 1 : 1,6 gefunden wurde, liegt dieser Durchschnitt für die beiden Nylon-Läufer zwischen 1 : 1,3 und 1 : 1,4.

Wie in Abschnitt 2.6 beschrieben, wurden mit Flachswerggarn Ne_L 18 (92 tex), Ia Schuß, auf je 10 Spindeln einer Betriebsmaschine Aufnahmen der Fadenbruchhäufigkeiten vorgenommen, wobei Ohrläufer aus Compositionsmetall und Nylon auf HZ-III-Ringen sowie Mackie-Nylon-Läufer auf Spezialflanschring bei einer Ballonhöhe von 230 mm zum Einsatz kamen.

Tabelle 8 enthält die Läufergewichte, die mittleren Fadenspannungen und die Anzahl der beobachteten Fadenbrüche/100 Spdl.-Std.

Der Vergleich der festgestellten Fadenbruchhäufigkeiten zeigt eine deutliche Überlegenheit der Mackie-Nylon-Läufer. Bei dem Mackieläufer mit 380 mg-Istgewicht wurde ein für die Werggarnnaßspinnerei sehr günstig liegendes Optimum von 8 Fadenbrüchen/100 Spdl.-Std. festgestellt. Bei dem Ohrläufer aus Compositionsmetall auf HZ-III-Ring ergab sich das Optimum mit 31 Fadenbrüchen/100 Spdl.-Std. bei Läufer Nr. 15 mit 710 mg-Istgewicht, während der Ohrläufer aus Nylon als Mindestzahl 36 Fadenbrüche/100 Spdl.-Std. bei einem Läufer-Istgewicht von 530 mg hatte.

Beim Mackieläufer ist das Optimum deutlich erkennbar. Beim Ohrläufer aus Compositionsmetall ist das Bild dadurch beeinträchtigt, daß neben der Niedrigstzahl, nämlich bei der benachbarten Läufergröße Nr. 16 eine außerordentlich hohe Fadenbruchhäufigkeit verzeichnet ist. Dies hat aber seinen Grund darin, daß die für die Beobachtung der Fadenbruchhäufigkeit zur Verfügung gestellte Maschine weder Trennbleche noch Einengungsringe besaß. Bei dem für das gesponnene Garn bereits relativ leichten Läufer Nr. 16 kam daher ein häufiges Zusammenschlagen benachbarter

Fadenballons zustande, wodurch zusätzliche Fadenbrüche auftraten, die durch geeignete Mittel in ihrer Zahl hätten eingeschränkt werden können. Immerhin zeigen die Beobachtungen, daß bei dem Läufer Nr. 16, selbst unter Ausschaltung dieser vermeidbaren Fadenbrüche, eine Steigerung der Häufigkeit gegenüber dem als optimal für den hier betrachteten Fall gefundenen Läufer Nr. 15 eingetreten wäre.

T a b e l l e 8

Läuferformen und Fadenbruchhäufigkeit

Flachswerggarn Ne_L 18 (92 tex); n_{spi} = 4960 U/min

Nr. bzw. Soll-gewicht mg	Istgewicht [mg]	Mittlere Fadenspannung [g]	Anzahl der Fadenbrüche je 100 Spdl.-Std.
Ohrläufer aus Compositionsmetall auf HZ-III-Ring			
16	545		über 100
15	710	65	31
14	848	74	47
13	1056	81	78
Ohrläufer aus Nylon auf HZ-III-Ring			
400	417	82	40
510	530	93	36
610	621		53
710	744	96	über 100
Mackieläufer aus Nylon auf Spezialflanschring			
250	237	54	über 100
300	296	74	28
350	380	89	8
400	400	97	12

Bei dem Nylon-Ohrläufer liegt, wie ersichtlich, die Fadenbruchhäufigkeit über der des Ohrläufers aus Compositionsmetall. Zu den für diesen Läufer in der Tabelle enthaltenen Mittelwerten aus 6 Abzügen muß noch gesagt werden, daß die Streuung der Einzelaufnahmen zum Teil sehr groß war. Merkwürdig ist auch die nicht vorhandene Eindeutigkeit für die Abhängigkeit zwischen Läufergewicht und den gemessenen Spannungen. Im Ganzen hat sich in den durchgeführten Dauerversuchen gezeigt, daß die

Nylon-Ohrläufer innerhalb der beobachteten Läufergewichte für die Naßflachsspinnerei nicht geeignet sind. Auffällig ist ihr relativ hoher Verschleiß, der gegebenenfalls als Ursache des wechselhaften Verhaltens in bezug auf die Fadenbruchhäufigkeit herangezogen werden kann.

Aus den Werten der Tabelle 8 muß geschlossen werden, daß die beobachteten Fadenbruchhäufigkeiten nicht allein von der Spinnspannung abhängig sind. Zum Beispiel wurden bei der gleichen mittleren Spinnspannung von 74 g bei Ohrläufern aus Compositionsmetall 47, bei Mackie-Nylonläufern 28 Fadenbrüche/100 Spdl.-Std. erreicht. Noch krasser zeigt sich der Unterschied bei Fadenspannungen, die in der Größenordnung von 80 bis 90 g liegen. Hier wurden für den Ohrläufer aus Compositionsmetall 78, für den Mackieläufer nur 8 Fadenbrüche/100 Spdl.-Std. gezählt.

Zudem fällt ins Auge, daß innerhalb gleicher Bereiche der mittleren Fadenspannungen die Fadenbruchhäufigkeiten beim Ohrläufer aus Compositionsmetall wesentlich stärker auseinandergehen als beim Mackieläufer. Außer der Spinnspannung beeinflussen demnach noch andere Faktoren die Fadenbruchhäufigkeit und damit den praktischen Wert der beschriebenen Läuferausführungen.

Das vorteilhafte Verhalten des Mackie-Nylonläufers, dessen stetiges Raumdiagramm - Läufergewicht, Ballonhöhe, Fadenspannung - in Abbildung 14 auffiel und der die niedrigste Fadenbruchhäufigkeit ergab, ist zweifellos zurückzuführen auf seine durch die Formgebung bedingten günstigen Laufeigenschaften. Der Läufer ist den C-Läufern nachgebildet. Er umfaßt mit seinen beiden Füßen den verhältnismäßig schmalen Flansch des Ringes und liegt dabei mit der Fläche seines verstärkten Schenkels (s. Abschn. 2.51 und Abb. 5) an der unteren Fläche des Ringflansches auf. Diese Verstärkung des inneren Schenkels mit der Gleitfläche bewirkt eine die Stabilität des Laufes begünstigende Verschiebung des Schwerpunktes. Der verstärkte Schenkel ist weiterhin derart ausgebildet, daß er mit einer breiten Fläche dem schrägen Steg des Ringes gegenübersteht. Wird der Läufer durch Garnunregelmäßigkeiten oder anderweitig herrührende Stöße aus seiner Lauflage herausgebracht, so kommt es zu einem Abstützen dieser Fläche am Ringsteg, wodurch eine zusätzliche Bewegung des Läufers aufgefangen und auf ein Mindestmaß reduziert wird. Den Mackieläufer in seiner normalen Lage während des Läufers zeigt Abbildung 15 (3).

Der Ohrläufer, der ebenfalls in Abbildung 15 (1) dargestellt ist, arbeitet demgegenüber unter wesentlich ungünstigeren Verhältnissen. Er wird vom Fadenzug gehoben und liegt mit seinem unteren Haken auf der unteren

Gleitfläche des HZ-Ringes auf. Die Zentrifugalkraft drückt ihn auch mit seinem Steg an die Innenfläche des Ringes an. Zudem erhält er durch den Fadenzug eine Schräglage im Ring. Stöße und zusätzliche Bewegungen des Läufers können nur von den beiden Läuferhaken aufgefangen werden, wodurch es häufig zu Klemmerscheinungen kommt, welche die bereits behandelte "Läuferunruhe" zur Folge haben bzw. diese begünstigen.

Zugunsten des Mackieläufers im Vergleich zum Ohrläufer aus Compositionsmetall spricht ferner das bereits geschilderte und auf seinen höheren Reibungskoeffizienten zurückgehende günstigere Verhältnis zwischen den Spannungen beim Winden auf Kopbasis und Kopspitze (s. S. 36).

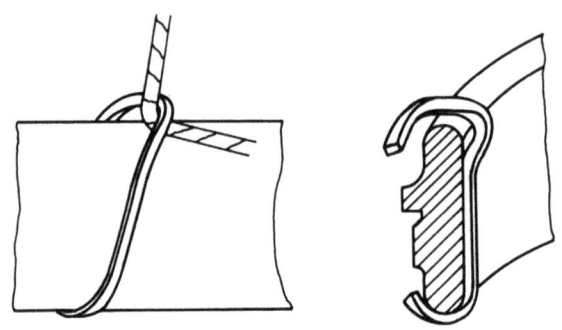

Ohrläufer im HZ-Ring (1)

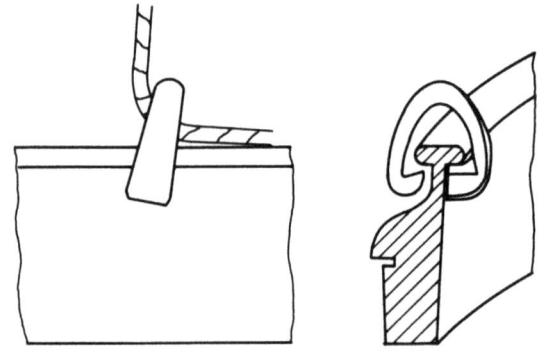

Mackie-Läufer im Spezialring (3)

A b b i l d u n g 15
Läuferlage im Ring

Ein zusätzlicher Vorteil der Nylonläufer, demnach auch des Mackieläufers ist, daß sie verglichen mit Metalläufern voluminöser sind. Dadurch ergibt sich ein größerer Durchmesser an der Stelle, an der das Garn um den Läufer geführt wird. Es ist bekannt, daß die Beanspruchung von Fasersträngen, die um eine Rolle oder um einen Stab geführt werden, von dem

Krümmungsradius abhängig ist. Beim Vergleich von Läufern aus Metall und Nylon für gleiche Spinnspannungen ergibt sich, daß die letztgenannten einen nahezu doppelt so großen Krümmungsradius haben. Wenn auch im allgemeinen die Ansicht herrscht, daß die Beanspruchung des bereits gesponnenen Fadens im Läufer und bei der Aufwindung weniger kritisch ist als die in der Zone der Drehungserteilung, so kann die schonendere Fadenführung doch als Vorteil gelten.

Der Vergleich der bei den beiden Ohrläufern aus Compositionsmetall und Nylon festgestellten Fadenbruchhäufigkeiten spricht zugunsten des Metallläufers. Hierfür kann eine Erklärung darin gefunden werden, daß der infolge des höheren Reibungskoeffizienten bei gleichen Spinnspannungen leichtere Kunststoffläufer eine größere Unstabilität gegenüber störenden Impulsen besitzt und auf diese stärker reagiert. Nur so kann auch das verzerrte Raumdiagramm - Läufergewicht, Ballonhöhe, Fadenspannung - des Nylon-Ohrläufers erklärt werden.

Bei beiden Läuferformen bleibt das Schmierproblem, das bei den durchgeführten Messungen bewußt ausgeschaltet worden ist, offen. In allen Fällen ist eine selbsttätige Beigabe des Schmiermittels noch nicht einwandfrei gelöst. Sonderausführungen der HZ-Ringe mit eingearbeiteten Rillen in der Läuffläche (MG-Ring) u.a.m. haben zum Ziel eine gewisse Speicherung und eine gleichmäßigere Verteilung des Schmiermittels zu erreichen, ohne einwandfreie Lösungen zu schaffen. Über Versuche mit zentralen Druckölschmierungen der HZ-Ringe liegen uneinheitliche Ergebnisberichte vor. Während bei Anlagen, die mit vom Spindel- oder Ringbankhub gesteuerten Schmierimpulsen arbeiten zu Verstopfungen der Schmierröhrchen vor allem an den Austrittsstellen bemängelt werden, sollen Ausführungen mit kurz aufeinander folgenden Schmierimpulsen besser entsprochen haben.
Die an sich einfachste Lösung der "selbstschmierenden" Ringe mit Ölkammer und Dochten in Schmiernuten kommt in der Naßspinnerei wegen der Verharzung des Schmiermittels bzw. Verschmutzung der Dochte nicht in Frage.

Die Schmierung beim Flanschring und damit auch bei der von Mackie entwickelten Sonderausführung, bleibt nach wie vor auf die Handversorgung beschränkt, weil die dünnen Stege der Ringe ein Durchbohren für die Zufuhr des Öls nicht zulassen. Man verwendet hier mit Vorteil eine Zerstäubung des verseifbaren Öls mittels Druckluft. Immerhin bedeutet sie aber eine zusätzliche Belastung der Bedienung und einen hohen Ölverbrauch, denn wie aus den Diagrammen der Abbildung 6 zu ersehen ist, dürfen die Schmierintervalle nicht zu groß sein, wenn übermäßige Steigerungen der Spinnspannung und ein unwirtschaftlich hoher Läuferverschleiß vermieden werden sollen. Diese Bemerkungen seien hier eingefügt, um zu zeigen, daß die Beurteilung der betrieblichen Eignung von Läuferausführungen durch die Frage der Schmierung noch stark beeinträchtigt ist.

3.5 Auswirkung von Balloneinengungsringen auf die Fadenspannung

Die beim Einsatz von Balloneinengungsringen verschiedener Durchmesser, in unterschiedlichen Höhen über dem Spinnring angebracht, gemessenen Fadenspannungen, sind in Tabelle 9 zusammengefaßt. Gesponnen wurde mit HZ-III-Ring und einem Compositions-Ohrläufer Nr. 18 bei gleichbleibender Ballonhöhe von 230 mm. In der Tabelle sind in die beiden ersten Spalten die Durchmesser der Balloneinengungsringe und die Höhen über dem Spinnring eingetragen. Die letzten beiden Spalten enthalten die gemessenen Spinnspannungen an der Basis und an der Spitze des Windungskegels. Der Tabelle sind auch die Fadenspannungen beim Spinnen ohne Balloneinengungsringe zu entnehmen.

T a b e l l e   9

Balloneinengungsring und Fadenspannung

Flachsgarn Ne_L 30 (56 tex); Ballonhöhe 230 mm, n_{spi} = 6635 U/min

BE-Ring [mm ⌀]	Höhe [mm]	Fadenspannung Basis [g]	Spitze [g]
Ohrläufer Nr. 18 aus Compositionsmetall auf HZ-III-Ring			
ohne BE-Ring	-	48	69
70	57,5	38	60
70	115	50	71
70	172,5	48	71
60	57,5	39	62
60	115	38	64
60	172,5	44	69
50	57,5	38	55
50	115	38	57
50	172,5	44	66

Die Meßergebnisse zeigen, daß bei einer zweckentsprechenden Wahl des Einengungsringes und dessen geeigneter Anordnung eine Herabminderung der

Spinnspannungen und damit letzten Endes die Möglichkeit höherer Spindeldrehzahlen zwecks Leistungssteigerung erreicht werden kann.

Die Wirkung des Einengungsringes ist um so stärker, je kleiner sein Durchmesser und sein Abstand von dem Spinnring gewählt werden. Das beste Ergebnis wurde mit einem engen Ring von 50 mm Durchmesser bei der geringsten Höhe von 57,5 mm über dem Spinnring erzielt, wobei die Fadenspannung bei Verwendung eines relativ leichten Läufers Nr. 18 und 6635 U/min an der Basis von 48 auf 38 g und an Spitze von 68 auf 55 g, also um rd. 20 % abnahm. Bei der größten gewählten Höhe für den Balloneinengungsring von 172,5 mm wirkte sich nur die engste Ausführung mit 50 mm ⌀ und auch diese nur in geringem Umfang aus.

In der Betriebspraxis muß der Ballonring, um bei Behebung von Fadenbrüchen und beim Wechsel der Hülse nicht störend zu wirken, einen gewissen Abstand vom Spinnring haben, der z.B. bei der Perfect-Konstruktion 140 bis 150, bei der Mackie-Konstruktion etwa 120 bis 130 mm nicht unterschreiten darf. Bei einem solchen Abstand würde sich durch einen 50iger Ring noch immer ein Herabdrücken der Fadenspannungen um etwa 15 % erzielen lassen. Dies ermöglicht eine Erhöhung der Spindeldrehzahl in der Größenordnung um 750 bis 1000 U/min.

Die richtige Wahl und Bemessung der Balloneinengungsringe ist also bei den relativ hohen Kräften, wie sie beim Verspinnen der Bastfasern auftreten, von beachtlicher Bedeutung, die noch dadurch gesteigert wird, daß auch die durch Ungleichmäßigkeiten des Garns entstehenden übergroßen Ausbuchtungen des Ballons entsprechend abgeschwächt werden, so daß ein Zusammenschlagen benachbarter Ballons weitgehend vermieden wird. Werden aber Trennbleche zwischen den Spindeln vorgesehen, dann hat der Einsatz der Balloneinengungsringe den Vorteil, daß die Fadenballons nicht ständig an die Bleche schlagen, wodurch wiederum ruckartige Veränderungen der Fadenspannungen vermieden werden.

3.6 Auswirkung der Spindeldrehzahl auf die Fadenspannung

Die bei verschiedenen Spindeldrehzahlen gemessenen Fadenspannungen für die drei Läuferformen sind aus Tabelle 10 zu ersehen. Die Messungen wurden mit gleichbleibendem Läufergewicht und gleicher Ballonhöhe durchgeführt. In den Tabellen sind an erster Stelle wieder Sollnummer bzw. -gewicht und Istgewicht der Läufer eingesetzt. Als nächstes sind die Spindeldrehzahlen angegeben und danach die einer gleichbleibenden Garndrehung entsprechenden Liefergeschwindigkeiten. Die letzten beiden

Spalten enthalten die Meßergebnisse der Fadenspannungen an Kopbasis und -spitze.

Die mit dem Quadrat der Drehzahl anwachsende Zentrifugalkraft, welche die Reibung des Läufers am Ring maßgeblich bestimmt, läßt eine quadratische Funktion für das Ansteigen der Spinnspannungen in Abhängigkeit von der Spindeldrehzahl erwarten. Eine Veränderung gegenüber diesen einfachen Zusammenhängen ist dadurch gegeben, daß der "Reibwert" des Läufers auch von der Höhe des Anpreßdruckes beeinflußt wird. Die zunehmende Spindeldrehzahl wirkt sich in einem Ansteigen der Zentrifugalkraft gleichzeitig aber auch in einer Erhöhung des Anpreßdruckes aus, wodurch eine Beruhigung der Läuferbewegung eintritt, was wiederum den Reibwert des Läufers am Ring vermindert, so daß eine Dämpfung des quadratischen Abhängigkeitsverhaltens zu beobachten ist.

Tabelle 10

Spindeldrehzahl und Fadenspannung

Flachsgarn Ne_L 30 (56 tex); 434 Dr/m; Ballonhöhe: 230 mm

Läufergewicht		Spindel [U/min]	Lieferung [m/min]	Fadenspannung	
Soll [mg]	Ist [mg]			Basis [g]	Spitze [g]
Ohrläufer aus Compositionsmetall auf HZ-III-Ring					
560	545	5810	13,3	70	105
560	545	6635	15,3	85	119
560	545	7460	17,3	104	152
Ohrläufer aus Nylon auf HZ-III-Ring					
130	130	5810	13,3	46	61
130	130	6635	15,3	68	86
130	130	7460	17,3	77	101
Mackieläufer aus Nylon auf Spezialflanschring					
150	174	5810	13,3	52	65
150	174	6635	15,3	68	93
150	174	7460	17,3	104	133

In Abbildung 16 ist als Beispiel nur für den Ohrläufer aus Compositionsmetall Nr. 16 der gemessene Kurvenverlauf gegenüber dem Verlauf der auf Grund der Zentrifugalkraftänderungen errechneten Kurvenform wiedergegeben. Die Abbildung enthält die gemessenen Fadenspannungen in Richtung der y-Achse über den auf der x-Achse mit unterdrücktem Nullpunkt eingezeichneten Spindeldrehzahlen. Die Kurve zeigt die gemessenen Fadenspannungen, die gegenüber den rechnerisch ermittelten zurückbleiben.

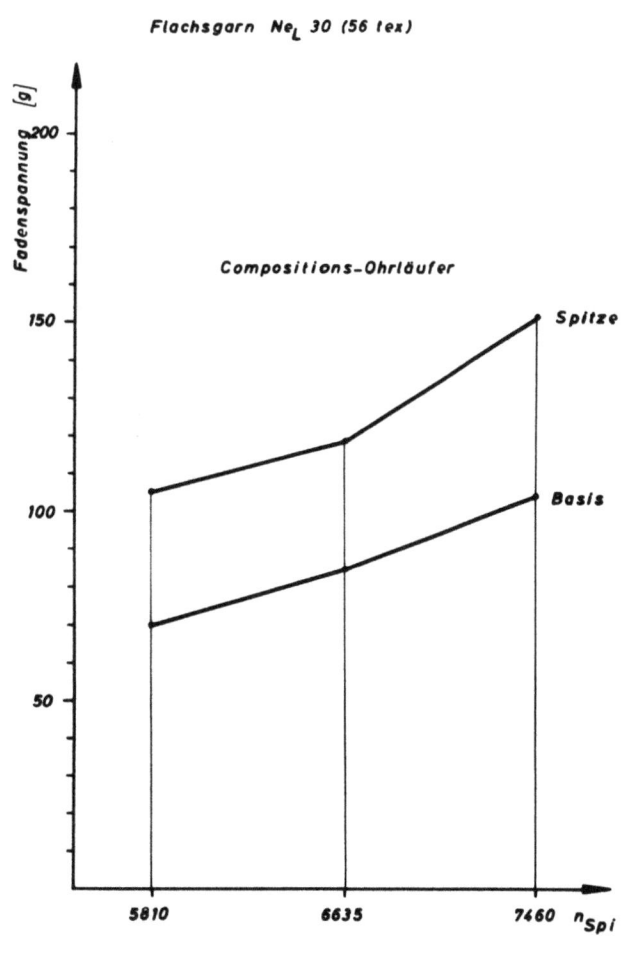

Abbildung 16
Fadenspannung an Naßringspinnmaschinen

3.7 Auswirkung der Abliefergeschwindigkeit auf die Fadenspannung

In Tabelle 11 sind die Meßwerte der Spinnspannungen eingetragen, die sich bei der Beobachtung verschiedener Abliefergeschwindigkeiten bei gleichbleibender Spindeldrehzahl mit Ohrläufer Nr. 16 aus Compositionsmetall auf HZ-III-Ring ergaben. Die Spalten der Tabelle enthalten die Abliefergeschwindigkeiten in m/min, die mit der Abliefergeschwindigkeit veränderlichen Umlaufzahlen der Läufer an Kopbasis und -spitze, die ebenfalls veränderlichen Garndrehungen und die gemessenen Fadenspannungen.

Tabelle 11

Abliefergeschwindigkeit und Fadenspannung

Flachsgarn Ne_L 30 (56 tex); n_{spi} = 6635 U/min

Lieferung [m/min]	Läufer U/min Basis	Spitze	Garndr. [Dr./m]	Fadenspannung Basis [g]	Spitze [g]
Ohrläufer Nr. 16 aus Compositionsmetall auf HZ-III-Ring					
11,3	6575	6502	587	67	114
13,3	6564	6478	498	63	107
15,3	6554	6455	434	62	107
19,3	6533	6407	344	62	101

Wie aus der Tabelle zu ersehen ist, sind für die Abliefergeschwindigkeiten zwischen 11,3 und 19,3 m/min die Schwankungen in den gemessenen Fadenspannungen unbedeutend. Sie betragen für die niedrigste Liefergeschwindigkeit 67 g an der Kegelbasis und 114 g an der Kegelspitze. Bei der höchsten Geschwindigkeit 62 g an der Basis und 101 g an der Spitze.

Da die Beobachtungen beim Spinnen mit Compositions-Ohrläufern keine ins Gewicht fallende Abhängigkeit der Spannungen von der Abliefergeschwindigkeit ergaben, wurde darauf verzichtet, diese Versuchsreihe unter Einsatz anderer Läuferformen, -ausführungen und -gewichte fortzusetzen.

3.8 Auswirkung der Spinnlinie auf die Fadenspannung

Die Ergebnisse der Fadenspannungsmessungen auf den beiden Spinnmaschinenkonstruktionen Mackie und Perfect nach den in Abschnitt 2.57 beschriebenen Abänderungen sind in der nachstehenden Tabelle 12 enthalten. In der ersten Spalte sind die Ist-Werte der gewogenen Läufergewichte und in den nächsten Spalten die gemessenen Spinnspannungen an Kopbasis und -spitze beim Spinnen von Werggarn Ne_L 20 (84 tex), schw.K., eingetragen.

Ein Vergleich der gemessenen Spinnspannungen zeigt bei gleichen Läufergewichten auf den beiden Maschinen derart geringe Unterschiede, daß sie als innerhalb der Grenzen normaler Streuung liegend angesehen werden können.

Abbildung 17 zeigt den Verlauf der Spannungsmeßkurven auf der Mackie-Maschine und auf der umgebauten Perfect-Maschine. Entsprechend dem

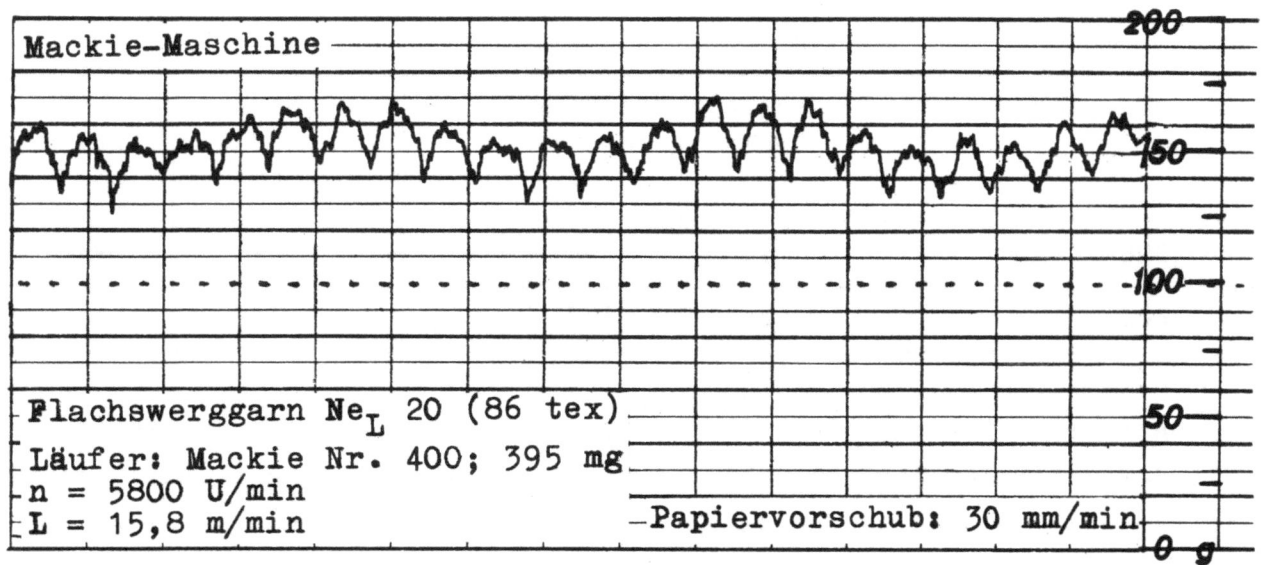

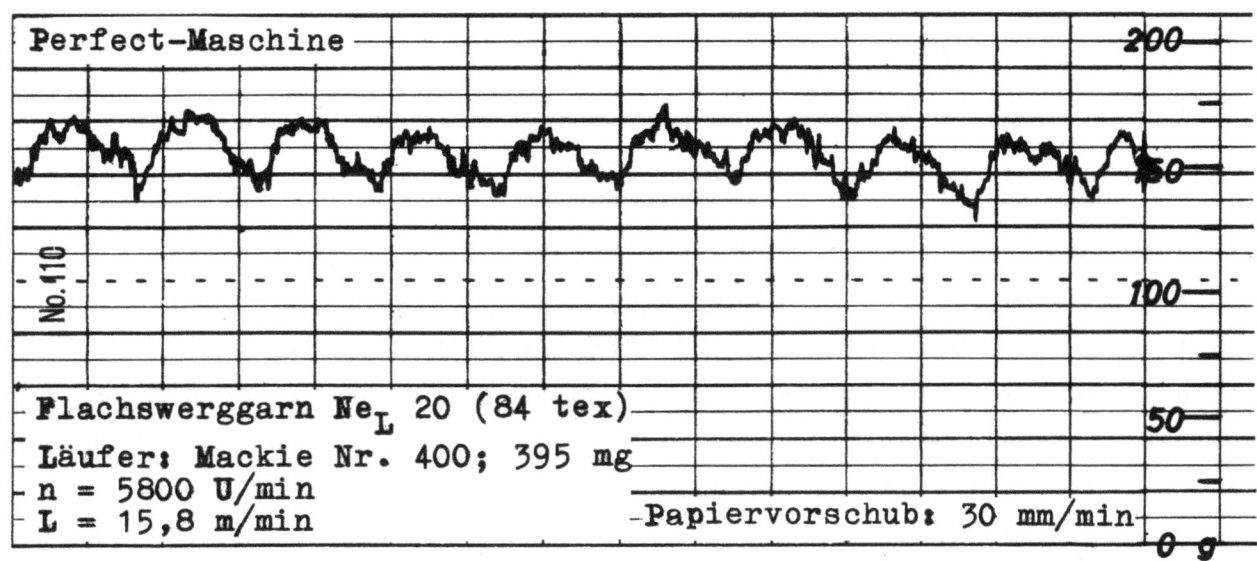

Abbildung 17

Fadenspannung an Naßringspinnmaschinen

längeren Hubspiel (s. Abschn. 2.1, Tab. 1) hat das Spannungsdiagramm der Perfect-Maschine längere Perioden als das der Mackie-Maschine, jedoch mit gleich hohen Amplituden.

Tabelle 12

Spinnlinie und Fadenspannungen

Flachswerggarn Ne_L 20 (84 tex), schw.K.; n_{spi} = 5800 U/min

Läufergewicht	Perfect-Maschine		Mackie-Maschine	
	Basis [g]	Spitze [g]	Basis [g]	Spitze [g]
296	70	88	75	94
400	125	158	132	157

Demgegenüber ist der größere Abstand zwischen Klemmpunkt am Ablieferzylinder und Fadenführerauge bei der Perfect-Maschine nicht ohne Einfluß auf kurzwellige Spannungsschwankungen, die in dem Diagramm zu erkennen sind. Die längere Strecke zwischen Zylinder und Fadenauge begünstigt die Fortpflanzung der Ballonschwingungen in das durch Drehung noch nicht vollgeschützte Garn mehr als die kurze und damit straffere Garnführung auf der Mackie-Maschine. Dadurch ist die Gefahr höherer Fadenbruchhäufigkeiten gegeben.

3.9 Einfluß der Spinnspannung auf die Garnfestigkeit

Die unter den angegebenen Veränderungen der Spinnfaktoren hergestellten Flachsgarne Ne_L 30 (56 tex), Ia m.K., und Flachswerggarn Ne_L 18 (92 tex), Ia Schuß, wurden auf ihre Festigkeiten untersucht. Tabelle 13 enthält für das erstgenannte Garn und für die drei in die engere Betrachtung einbezogenen Läufertypen: Ohrläufer aus Compositionsmetall und Ohrläufer aus Nylon auf HZ-III-Ring sowie Mackieläufer aus Nylon auf Spezialflanschring - geordnet nach Ballonhöhe und gemessener mittlerer Fadenspannung - die Ergebnisse der Garnfestigkeitsuntersuchungen, und zwar Reißkilometer, Variationskoeffizienten in % der Bruchlast und prozentuale Bruchdehnungen. Um die Übersicht zu erleichtern, ist die Angabe der verwendeten Läufergewichte weggelassen worden.

Betrachtet man die Zusammenhänge zwischen der mittleren Fadenspannung beim Spinnen und der Reißlänge der Garne an Hand der in der Tabelle enthaltenen Zahlen für die einzelnen Läufertypen, so ist trotz starker Schwankungen im Ganzen betrachtet deutlich eine Tendenz zu erkennen, nämlich eine Zunahme der Festigkeit mit ansteigender Fadenspannung.

Tabelle 13

Spinnspannung und Garnfestigkeit

Ne_L 30 (56 tex); n_{spi} = 6635 U/min

Ballon-höhe [mm]	Mittlere Fadensp. [g]	Reißergebnisse Rkm	V [%]	Dehnung [%]
Ohrläufer aus Compositionsmetall auf HZ-III-Ring			
210	54	21,7	18,8	2,14
	59	22,8	23,3	2,21
	66	22,4	21,6	2,07
	84	22,6	21,8	2,10
	100	23,6	22,0	2,03
	105	23,2	22,4	2,10
230	62	22,6	18,3	2,09
	70	22,6	21,4	1,89
	96	23,1	22,3	1,92
	106	23,8	23,5	1,99
	112	22,3	23,4	1,81
Ohrläufer aus Nylon auf HZ-III-Ring				
210	67	22,5	21,1	1,90
	70	21,4	21,7	2,02
	104	23,5	23,9	1,97
	93	24,3	21,8	1,95
230	70	22,8	19,6	2,17
	76	24,4	21,4	2,28
	105	24,5	21,9	2,14
	100	22,9	19,5	2,04
Mackieläufer aus Nylon auf Spezialflanschring				
210	87	23,4	21,0	2,05
	127	24,6	19,5	1,95
	153	25,1	21,9	1,96
	167	25,1	22,0	1,90
230	90	22,6	22,4	2,02
	131	24,8	20,6	2,01
	166	25,7	20,5	2,02
	177	24,7	23,1	1,98

Die größten Schwankungen ergeben sich bei dem Ohrläufer aus Nylon. Diese Feststellung deckt sich mit der Beurteilung der Läufereignung in Abschnitt 3.4.

Die Zahlen für den Ohrläufer aus Compositionsmetall streuen in engeren Grenzen. Vor allem fällt auf, daß bei hoher Spannung eine weitere Zunahme an Reißfestigkeit nicht mehr eintritt bzw. beim größten Läufergewicht sogar ein beträchtlicher Rückgang entsteht, wenn auch das Ausmaß der letztgenannten Erscheinung durch einen Zufall zweifellos übertrieben ist.

Die einheitlichsten Werte zeigt der Mackieläufer, was wiederum mit seiner Beurteilung in Abschnitt 3.4 übereinstimmt. Allerdings wurde auch bei diesem Läufer das gleiche festgestellt, wie beim Ohrläufer aus Compositionsmetall, nämlich die Unterbrechung bzw. die Umkehrung der zunehmenden Reißlänge bei den höchst angewandten Spinnspannungen.

Um die Zusammenhänge zwischen Garnfestigkeit und Fadenspannung statistisch zu erfassen, wurden Korrelationsrechnungen durchgeführt, zu denen alle in Tabelle 13 aufgenommenen Variationen herangezogen wurden. Tabelle 14 enthält die Ergebnisse, nämlich die für die einzelnen untersuchten Läufertypen bei verschiedenen Ballonhöhen erhaltenen Korrelationskoeffizienten zwischen Fadenspannung und Garnfestigkeit sowie den Koeffizienten der Korrelation für sämtliche gesponnenen Garne. Dieser ergibt sich, wie ersichtlich, mit 0,80, d.h. er zeugt von einem straffen Zusammenhang zwischen Spinnspannung und Festigkeit.

Tabelle 14

Korrelation: Fadenspannung - Garnfestigkeit

Flachsgarn Ne_L 30 (56 tex), Ia m.Kette

Läufer	Ballonhöhe [mm]	Korrelations- koeffizient
Nylon- Ohrläufer	210 230	0,77 0,60
Compo- Ohrläufer	210 230	0,840 (0,295)[*)]
Nylon- Mackieläufer	210 230	0,98 0,86
sämtliche Garne		0,80

*) offensichtlich infolge eines Ausreißers

Werden die Einzelzahlen der Korrelationskoeffizienten berücksichtigt, so sind die nach dem Vorbeschriebenen erwartungsgemäß niedrigsten Korrelationskoeffizienten beim Nylon-Ohrläufer mit 0,77 und 0,60 und die besten Werte beim Mackieläufer mit 0,98 und 0,86 zu finden. Dazwischen liegt der Ohrläufer aus Compositionsmetall mit einem Korrelationskoeffizienten von 0,84 bei 210 mm Ballonhöhe. Der für 230 mm festgestellte Korrelationskoeffizient soll in die Betrachtung nicht einbezogen werden, weil er offensichtlich durch einen Ausreißer der Garnfestigkeit gestört ist.

Vergleicht man die gefundenen Korrelationskoeffizienten bei den beiden unterschiedlichen Ballonhöhen, so ist zu ersehen, daß sie einheitlich bei dem kleineren Ballon von 210 mm höher sind als bei 230 mm. Dies ist ein Zeichen, daß die Ballonhöhe sich auf die Gleichmäßigkeit des Verhältnisses zwischen Fadenspannung und Garnfestigkeit auswirkt.

Auf Einzelzahlen bei der untersuchten Korrelation Fadenspannung - Garnfestigkeit bei dem Flachswerggarn Ne_L 18 (92 tex), Ia Schuß, sei nicht eingegangen, sondern lediglich festgestellt, daß auch hier durchschnittlich Korrelationskoeffizienten von über 0,9 gefunden wurden, die noch klarer für die bestehenden Zusammenhänge zwischen Spinnspannung und Garnfestigkeit sprechen.

Zusammenfassend kann zu der untersuchten Korrelation gesagt werden, daß angesichts der bekannten Streuung der Bastfasergarnfestigkeiten die Straffheit des Zusammenhanges zwischen Spinnspannung und Garnfestigkeit überraschend klar zum Ausdruck kommt. Der bei der Erläuterung seiner Laufeigenschaften positiv bewertete Mackieläufer zeigt auch die höchsten Werte der Korrelationskoeffizienten. Diese gehen zurück, wenn Läufer zum Einsatz kommen, die infolge ihres Verhaltens keine eindeutigen und ungestörten Fadenspannungsverhältnisse gewährleisten. Es wurde bereits gesagt, daß die niedrigsten Korrelationskoeffizienten dem in bezug auf eindeutige Spannungsverhältnisse an letzter Stelle bewerteten Ohrläufer aus Nylon errechnet worden sind. Aber es war bei der Untersuchung der Garne aufgefallen, daß auch beim Einsatz des Metall-Ohrläufers sowohl in einem bereits angeführten Fall bei Flachsgarn Ne_L 30 (56 tex) als auch bei Werggarn Ne_L 18 (92 tex) Ausreißer in dem betrachteten Verhältnis Spannung - Festigkeit aufgetreten waren. Es kann also auch eine Stetigkeit im Verhältnis Fadenspannung zu Garnfestigkeit ein Werturteil für die herrschenden Spinnbedingungen sein.

Wenn ein solcher Rückschluß gestattet ist, so muß auch die übereinstimmende Feststellung, daß sich die Korrelation bei kleinerer Ballonhöhe stets straffer ergab als bei der größeren für einen Hinweis genommen werden, daß niedrigere Ballonhöhen ruhigere Spinnverhältnisse schaffen.

Bei der vorhandenen recht eindeutigen Abhängigkeit der Garnfestigkeit von der Spinnspannung in dem anwendbaren Läuferbereich ist allerdings die bei allen Typen gemachte Beobachtung festzuhalten, daß nach Überschreiten einer gewissen Spannungsgrenze die gefundene Tendenz einer Zunahme der Garnfestigkeit mit wachsender Spinnspannung nicht mehr gilt. Hier wirken sich offenbar zusätzliche Faktoren aus, welche die Korrelation stören.

In Abbildung 18 sind die Reißlängen der untersuchten Garne über der gemessenen Spinnspannung als Punktwolke eingezeichnet. Die Abhängigkeit in den Grenzen geltender Korrelation fanden wir, der Größenordnung nach ausgedrückt, in einem Zuwachs von 1,75 Rkm je 50 g Zunahme der mittleren Spinnspannung. Ein Übergang von einer Läufergröße zur benachbarten wird also normalerweise auf die Festigkeit des Garns einen so geringen Einfluß ausüben, daß sich die Auswahl der Läufer stets nach der günstigsten Fadenbruchzahl richten kann.

Werden die in Tabelle 13 ebenfalls enthaltenen Variationskoeffizienten der Bruchlast auf ihren Zusammenhang mit den Spinnspannungen untersucht, so muß leider festgestellt werden, daß die vorhandenen Schwankungen so groß sind, daß klare Abhängigkeiten nicht erkannt werden können. Dies braucht nicht zu bedeuten, daß sie nicht vorhanden sind. Es ist anzunehmen, daß sie durch materialbedingte Streuungen überdeckt werden.

Demgegenüber sind die Bruchdehnungen, die ebenfalls in der Tabelle 13 enthalten sind, in ihrer Abhängigkeit von der Spinnspannung wiederum klarer geordnet, nämlich mit der Tendenz, daß höhere Spinnspannungen niedrigere Dehnungswerte verursachen. Ohne auf einzelne Betrachtungen, wie sie für das Verhältnis Festigkeit zu Spinnspannung angestellt wurden, einzugehen, sei lediglich festgestellt, daß der Korrelationskoeffizient für die Gesamtheit der gesponnenen Garne mit nur 0,40 gefunden wurde. Rechnerisch ist also eine Korrelation nicht nachweisbar. Dies bedeutet in unserem Falle aber nicht, daß ein Zusammenhang nicht gegeben ist, sondern, daß die Bruchdehnungen im Verhältnis zum Grad der vorhandenen Abhängigkeit sehr stark streuen. Betrachtet man aber die Gesamtheit der in Abbildung 18 aufgezeichneten Werte, in der sie über der beim Spinnen gemessenen mittleren Fadenspannung aufgetragen sind, so ist die erwähnte Tendenz abnehmender Dehnung mit zunehmender Spinnspannung unverkennbar. Mit zunehmender Spinnspannung nimmt also die Garnfestigkeit zu und die Dehnung ab, was Vorteil und Nachteil gleichzeitig bedeutet. Es ist aber zu erkennen, daß die negative Beeinflussung der Bruchdehnung in einem wesentlich kleineren Ausmaß erfolgt als diejenige der Festigkeit. Wird trotz der starken Streuung der Dehnungspunkte versucht, eine Bestgerade einzuzeichnen, dann würden etwa 0,06 % Dehnungsabnahme einer Zunahme der Fadenspannung um 50 g entsprechen. Dies kennzeichnet die Geringfügigkeit dieser Abhängigkeit gegenüber der Reißlänge, für die der gleiche Unterschied in der Fadenspannung eine Steigerung der Festigkeit um 1,75 Rkm ergab.

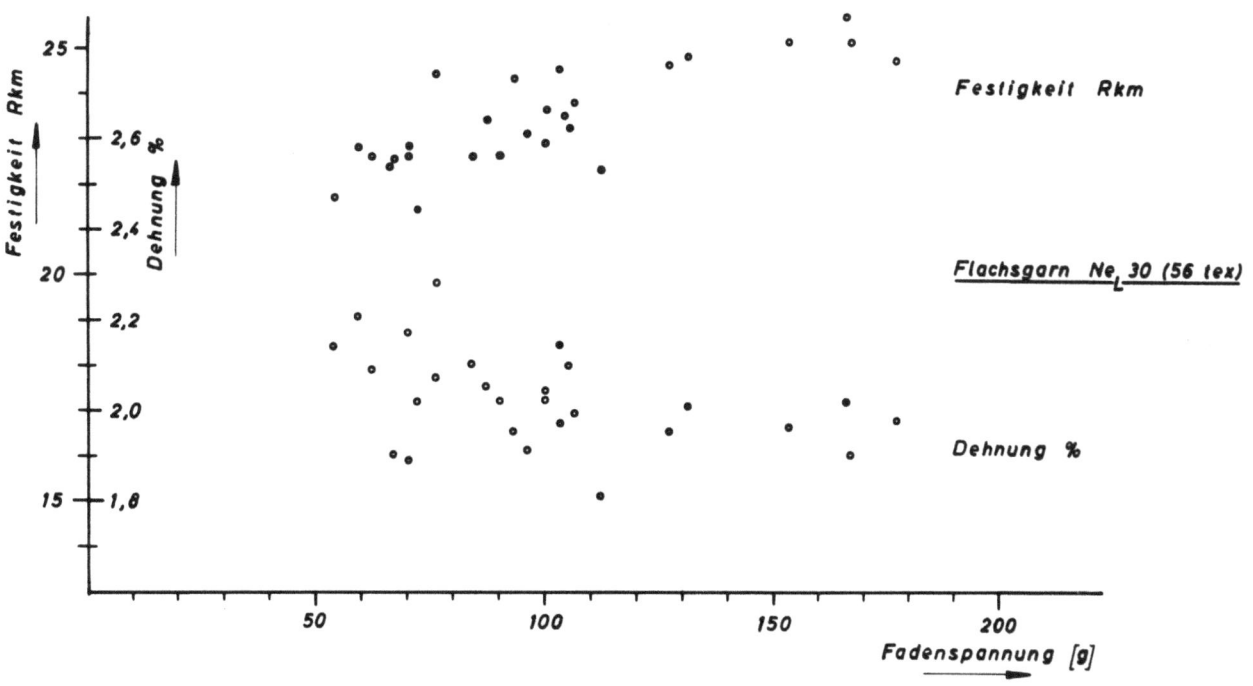

A b b i l d u n g   18
Abhängigkeit der Reißlänge und Bruchdehnung
von der Fadenspannung

4. Zusammenfassung

In ausgedehnten Untersuchungsreihen wurden die beim Naßringspinnen von Bastfasern auftretenden Fadenspannungen in ihrer Abhängigkeit von Ring und Läufer sowie von der Fadenführung untersucht. Im Verlauf der Untersuchungen wurden aus der weiten Auswahl der vorliegenden Läuferformen die ungeeigneten ausgeschieden, wonach für die Auswertung der Meßergebnisse nur die für das Naßspinnen als brauchbar zu bezeichnenden Typen, nämlich die Ohrläufer aus Compositionsmetall und Nylon auf HZ-Ringen sowie der von Mackie speziell geschaffene Nylonläufer auf Spezialflanschring Verwendung fanden.

Für diese Läufer wurde der Verlauf der Spannungen während ganzer Abzüge unter völlig gleichen Arbeitsverhältnissen sowie das Spannungsspiel unter Veränderung von Läufergewicht, Ballonhöhe, Ballonform und Fadenführung zwischen Streckwerk und Führerauge untersucht, wobei auch Spindeldrehzahl und Abliefergeschwindigkeit - jeweils für sich - variiert wurden. In die Betrachtung wurde auch die Fadenbruchhäufigkeit sowie die im üblichen Läuferbereich durch Korrelationsrechnung sehr deutlich festgestellte Abhängigkeit zwischen Spinnspannung und Garnfestigkeit einbezogen.

Die in dem vorstehenden Bericht niedergelegten Ergebnisse der Messungen, Beobachtungen und Rechnungen schaffen erstmalig ein Bild über die beim Naßspinnen von Bastfasergarnen auf Ringspinnmaschinen auftretenden Spannungsverhältnisse, die herrschenden Größenordnungen und vorhandenen Abhängigkeiten. Für die Auswahl geeigneter Läufer ist die Feststellung wesentlich, daß das Spinnen mit einer für die besonderen Verhältnisse der Naßspinnerei speziell ausgebildeten Läuferform gegenüber dem Einsatz der in anderen Spinnereisparten bewährten Läufertypen unstreitbare Vorteile mit sich bringt.

Dipl.-Ing. Rudolf Otto

Text.-Ing. Manfred Le Claire

Bielefeld, im Juli 1960

FORSCHUNGSBERICHTE DES LANDES NORDRHEIN-WESTFALEN

Herausgegeben durch das Kultusministerium

TEXTILFASERFORSCHUNG · TEXTILCHEMIE · TEXTILPHYSIK
TEXTILTECHNIK · WÄSCHEREIFORSCHUNG

HEFT 3
Techn.-Wissenschaftl. Büro für die Bastfaserindustrie, Bielefeld
Untersuchungsarbeiten zur Verbesserung des Leinenwebstuhls
1952, 44 Seiten, 7 Abb., 3 Tabellen, DM 12,50

HEFT 9
Techn.-Wissenschaftl. Büro für die Bastfaserindustrie, Bielefeld
Untersuchungen über die zweckmäßige Wicklungsart von Leinengarnkreuzspulen unter Berücksichtigung der Anwendung hoher Geschwindigkeiten des Garnes
Vorversuche für Zetteln und Schären von Leinengarnen auf Hochleistungsmaschinen
1952, 48 Seiten, 7 Abb., 7 Tabellen, DM 9,25

HEFT 13
Techn.-Wissenschaftl. Büro für die Bastfaserindustrie, Bielefeld
Das Naßspinnen von Bastfasergarnen mit chemischen Zusätzen zum Spinnbad
1953, 52 Seiten, 4 Abb., 19 Tabellen, DM 10,—

HEFT 15
Wäschereiforschung Krefeld
Trocknen von Wäschestoffen. I. Lufttrocknung: Untersuchungen an Tumblern
1953, 40 Seiten, 14 Abb., 2 Tabellen, DM 9,—

HEFT 17
Ingenieurbüro Herbert Stein, M.-Gladbach
Untersuchung der Verzugsvorgänge in den Streckwerken verschiedener Spinnereimaschinen. 1. Bericht: Vergleichende Prüfung mit verschiedenen Dickenmeßgeräten
1952, 36 Seiten, 15 Abb., DM 8,—

HEFT 18
Wäschereiforschung Krefeld
Grundlagen zur Erfassung der chemischen Schädigung beim Waschen
1953, 68 Seiten, 15 Abb., 15 Tabellen, DM 12,75

HEFT 19
Techn.-Wissenschaftl. Büro für die Bastfaserindustrie, Bielefeld
Die Auswirkung des Schlichtens von Leinengarnketten auf den Verarbeitungswirkungsgrad sowie die Festigkeit und Dehnungsverhältnisse der Garne und Gewebe
1953, 48 Seiten, 1 Abb., 9 Tabellen, DM 9,—

HEFT 20
Techn.-Wissenschaftl. Büro für die Bastfaserindustrie, Bielefeld
Trocknung von Leinengarnen I
Vorgang und Einwirkung auf die Garnqualität
1953, 62 Seiten, 18 Abb., 5 Tabellen, DM 12,—

HEFT 21
Techn.-Wissenschaftl. Büro für die Bastfaserindustrie, Bielefeld
Trocknung von Leinengarnen II
Spulenanordnung und Luftführung beim Trocknen von Kreuzspulen
1953, 66 Seiten, 22 Abb., 9 Tabellen, DM 13,—

HEFT 22
Techn.-Wissenschaftl. Büro für die Bastfaserindustrie, Bielefeld
Die Reparaturanfälligkeit von Webstühlen
1953, 28 Seiten, 7 Abb., 5 Tabellen, DM 5,80

HEFT 26
Techn.-Wissenschaftl. Büro für die Bastfaserindustrie, Bielefeld
Vergleichende Untersuchungen zweier neuzeitlicher Ungleichmäßigkeitsprüfer für Bänder und Garne hinsichtlich ihrer Eignung für die Bastfaserspinnerei
1953, 64 Seiten, 30 Abb., DM 12,50

HEFT 29
Techn.-Wissenschaftl. Büro für die Bastfaserindustrie, Bielefeld
Die Ausnützung der Leinengarne in Geweben
1953, 100 Seiten, 14 Abb., 10 Tabellen, DM 17,80

HEFT 32
Techn.-Wissenschaftliches Büro für die Bastfaserindustrie, Bielefeld
Der Einfluß der Natriumchloritbleiche auf Qualität und Verwebbarkeit von Leinengarnen und die Eigenschaften der Leinengewebe unter besonderer Berücksichtigung des Einsatzes von Schützen- und Spulenwechselautomaten in der Leinenweberei
1953, 64 Seiten, 2 Abb., 12 Tabellen, DM 11,50

HEFT 34
Textilforschungsanstalt Krefeld
Quellungs- und Entquellungsvorgänge bei Faserstoffen
1953, 52 Seiten, 13 Abb., 13 Tabellen, DM 9,80

HEFT 35
Prof. Dr. W. Kast, Krefeld
Feinstrukturuntersuchungen an künstlichen Zellulosefasern verschiedener Herstellungsverfahren. Teil I: Der Orientierungszustand
1953, 74 Seiten, 30 Abb., 7 Tabellen, DM 13,80

HEFT 41
Techn.-Wissenschaftl. Büro für die Bastfaserindustrie, Bielefeld
Untersuchungsarbeiten zur Verbesserung des Leinenwebstuhles II
1953, 40 Seiten, 4 Abb., 5 Tabellen, DM 7,80

HEFT 63
Textilforschungsanstalt Krefeld
Neue Methoden zur Untersuchung der Wirkungsweise von Textilhilfsmitteln
Untersuchungen über Schlichtungs- und Entschlichtungsvorgänge
1954, 34 Seiten, 1 Abb., 5 Tabellen, DM 6,80

HEFT 64
Textilforschungsanstalt Krefeld
Die Kettenlängenverteilung von hochpolymeren Faserstoffen
Über die fraktionierte Fällung von Polyamiden
1954, 44 Seiten, 13 Abb., DM 8,60

HEFT 69
Wäschereiforschung Krefeld
Bestimmung des Faserabbaues bei Leinen unter besonderer Berücksichtigung der Leinengarnbleiche
1954, 48 Seiten, 15 Abb., 3 Tabellen, DM 9,60

HEFT 70
Wäschereiforschung Krefeld
Trocknen von Wäschestoffen. II. Kontakttrocknung: Untersuchungen über den Trockenvorgang und die Wäschebeanspruchung bei der Kontakttrocknung
1954, 42 Seiten, 18 Abb., 3 Tabellen, DM 10,—

HEFT 79
Techn.-Wissenschaftl. Büro für die Bastfaserindustrie, Bielefeld
Trocknung von Leinengarnen III
Spinnspulen- und Spinnkopstrocknung
Vorgang und Einwirkung auf die Garnqualität
1954, 74 Seiten, 18 Abb., 10 Tabellen, DM 14,—

HEFT 80
Techn.-Wissenschaftl. Büro für die Bastfaserindustrie, Bielefeld
Die Verarbeitung von Leinengarn auf Webstühlen mit und ohne Oberbau
1954, 30 Seiten, 2 Abb., 2 Tabellen, DM 6,—

HEFT 84
Dr. H. Baron, Düsseldorf
Über Standardisierung von Wundtextilien
1954, 32 Seiten, DM 6,40

HEFT 85
Textilforschungsanstalt Krefeld
Physikalische Untersuchungen an Fasern, Fäden, Garnen und Geweben:
Untersuchungen am Knickscheuergerät nach Weltzien
1954, 40 Seiten, 11 Abb., 8 Tabellen, DM 10,—

HEFT 92
Techn.-Wissenschaftl. Büro für die Bastfaserindustrie, Bielefeld und Institut für textile Meßtechnik, M.-Gladbach
Messungen von Vorgängen am Webstuhl
1954, 76 Seiten, 45 Abb., DM 15,50

HEFT 93
Prof. Dr. W. Kast, Krefeld
Spinnversuche zur Strukturerfassung künstlicher Zellulosefasern
1954, 82 Seiten, 39 Abb., 6 Tabellen, DM 16,—

HEFT 97
Ing. H. Stein, M.-Gladbach
Untersuchung der Verzugsvorgänge an den Streckwerken verschiedener Spinnereimaschinen.
2. Bericht: Ermittlung der Haft-Gleiteigenschaften von Faserbändern und Vorgarnen
1955, 98 Seiten, 54 Abb., DM 21,—

HEFT 119
Dr.-Ing. O. Viertel, Krefeld
Wäscherei- und energietechnische Untersuchung einer Gemeinschafts-Waschanlage
1955, 30 Seiten, 18 Abb., DM 10,20

HEFT 159
Dr.-Ing. O. Viertel und O. Oldenroth, Krefeld
Das Bleichen von Weißwäsche mit Wasserstoffsuperoxyd bzw. Natriumhypochlorit beim maschinellen Waschen
1955, 54 Seiten, 23 Abb., 2 Tabellen, DM 11,45

HEFT 161
Prof. Dr. W. Weltzien und Dr. G. Hauschild, Krefeld
Über Silikone und ihre Anwendung in der Textilveredlung
1955, 162 Seiten, 22 Abb., 10 Tabellen, DM 27,—

HEFT 163
Dipl.-Ing. W. Rohs und Text.-Ing. H. Griese, Bielefeld
Untersuchungsarbeiten zur Verbesserung des Leinenwebstuhls III
1955, 80 Seiten, 15 Abb., 18 Tabellen, DM 15,80

HEFT 171
Wäschereiforschung Krefeld
Untersuchung der Wäscheentwässerung mit Hilfe von Zentrifugen und Pressen
1955, 42 Seiten, 16 Abb., 4 Tabellen, DM 9,70

HEFT 172
Dipl.-Ing. W. Rohs, Dr.-Ing. G. Satlow und Text.-Ing. G. Heller, Bielefeld
Trocknung von Hanfgarnen. Kreuzspultrocknung
1955, 60 Seiten, 7 Abb., 4 Tabellen, DM 10,30

HEFT 173
Prof. Dr. R. Hosemann und Dipl.-Phys. G. Schoknecht, Berlin, vorgelegt von Prof. Dr. W. Kast, Krefeld
Lichtoptische Herstellung und Diskussion der Faltungsquadrate parakristalliner Gitter
1956, 108 Seiten, 63 Abb., 6 Tabellen, DM 24,70

HEFT 185
Dipl.-Ing. W. Rohs und Text.-Ing. G. Heller, Bielefeld
Studien an einem neuzeitlichen Kreuzspultrockner für Bastfasergarne mit Wiederbefeuchtungszone
1955, 52 Seiten, 9 Abb., 3 Tabellen, DM 10,70

HEFT 196
Dipl.-Ing. W. Rohs und Text.-Ing. H. Griese, Bielefeld
Auswirkungen von Garnfehlern bei der Verarbeitung von Leinengarnen
1955, 24 Seiten, 3 Abb., 6 Tabellen, DM 7,80

HEFT 199
Textilforschungsanstalt Krefeld
Die Messung von Gewebetemperaturen mittels Temperaturstrahlung
1955, 50 Seiten, 12 Abb., DM 10,90

HEFT 226
Technisch-wissenschaftliches Büro für die Bastfaserindustrie, Bielefeld
Untersuchungen zur Verbesserung des Leinenwebstuhles IV
Die Wirkung verschiedener Kettbaumbremsen auf die Verwebung von Leinengarnen
1956, 64 Seiten, 9 Abb., 4 Tabellen, DM 13,50

HEFT 236
Dr.-Ing. O. Viertel und S. Lucas, Krefeld
Ergebnisse einer Hausfrauenbefragung über Wascheinrichtungen und Waschmethoden in städtischen Haushaltungen
1956, 34 Seiten, 4 Abb., DM 7,60

HEFT 238
Institut für textile Meßtechnik e. V., M.-Gladbach
Untersuchungen der Verzugsvorgänge an den Streckwerken verschiedener Spinnereimaschinen. 3. Bericht: Theoretische Betrachtungen über den Einfluß schlagender Zylinder und Druckrollen
1956, 66 Seiten, 21 Abb., DM 14,10

HEFT 260
Prof. Dr. A. H. Stuart und Dipl.-Phys. H. G. Fendler, Hannover
Lichtzerstreuungsmessungen an Lösungen hochpolymerer Stoffe
1956, 70 Seiten, 20 Abb., 5 Tabellen, DM 15,60

HEFT 261
Prof. Dr. W. Kast, Freiburg (Br.)
Feinstruktur-Untersuchungen an künstlichen Zellulosefasern verschiedener Herstellungsverfahren.
Teil II: Der Kristallisationszustand
1956, 80 Seiten, 27 Abb., 11 Tabellen, DM 17,20

HEFT 273
Fa. K. H. W. Tacke G.m.b.H., Wuppertal-Barmen
Erfahrungen beim Verspinnen von Perlonfasern und bei der Herstellung von Trikotagen aus gesponnenem Perlon
1956, 36 Seiten, DM 7,90

HEFT 292
Dipl.-Ing. W. Rohs und Text.-Ing. H. Griese, Bielefeld
Webversuche an Leinenwebstühlen mit verbesserter Schaftbewegung
1956, 34 Seiten, 3 Abb., 2 Tabellen, DM 7,60

HEFT 301
Prof. Dr. W. Weltzien, Dr. G. Cossmann und P. Diehl, Krefeld
Über die fraktionierte Fällung von Polyamiden (II)
1956, 54 Seiten, 1 Abb., 16 Tabellen, DM 11,30

HEFT 302
Prof. Dr.-Ing. W. Wegener und Dipl.-Ing. W. Zahn, Aachen
Untersuchungen von gesponnenen Garnen auf ihre Gleichmäßigkeit nach verschiedenen Meßmethoden
1957, 58 Seiten, 34 Abb., DM 15,20

HEFT 307
Privat-Doz. Dr. J. Juilfs, Krefeld
Vergleichende Untersuchungen zur elastischen und bleibenden Dehnung von Fasern
1956, 36 Seiten, 11 Abb., DM 8,30

HEFT 308
Privat-Doz. Dr. J. Juilfs, Krefeld
Zur Messung der Fadenglätte
1956, 22 Seiten, 10 Abb., 2 Tabellen, DM 8,—

HEFT 338
Prof. Dr.-Ing. W. Wegener Aachen, und Dipl.-Ing. J. Schneider, M.-Gladbach
Die Bedeutung der Knotenart für die Herabminderung der Fadenbrüche
1957, 40 Seiten, 6 Abb., 17 Tabellen, DM 9,80

HEFT 339
Prof. Dr.-Ing. W. Wegener und Dipl.-Ing. W. Zahn, Aachen
Vergleich des normalen mit verschiedenen abgekürzten Baumwollspinnverfahren in bezug auf Gleichmäßigkeit und Sortierungsstreuung der Garne
1956, 56 Seiten, 17 Abb., 17 Tabellen, DM 12,70

HEFT 340
Dipl.-Ing. W. Rohs und Dipl.-Ing. R. Otto, Bielefeld
Das Naßspinnen von Bastfasergarnen mit Spinnbadzusätzen unter Ausnutzung einer zentralen Spinnwasserversorgungsanlage
1956, 56 Seiten, 2 Abb., 6 Tabellen, DM 11,60

HEFT 358
Prof. Dr. rer. nat. W. Weltzien, Dipl.-Chem. P. Ringel und Text.-Ing. H. Kirchhoff, Krefeld
Die Waschechtheit von Färbungen. Vergleichende Untersuchungen auf dem Gebiete der Echtheitsprüfung
1958, 26 Seiten, 12 Farbtafeln, DM 58,—

HEFT 378
Oberingenieur H. Stein, M.-Gladbach
Beobachtung und maßtechnische Erfassung der Vorgänge im Spinn- und Aufwindefeld von Ringspinn- und Ringzwirnmaschinen
1957, 104 Seiten, 88 Abb., 3 Tabellen, DM 26,90

HEFT 379
Institut für textile Meßtechnik, M.-Gladbach
Schußfadenspannung beim Weben
1957, 76 Seiten, 17 Abb., 47 Diagramme, 3 Tabellen, DM 18,60

HEFT 381
Priv.-Doz. Dr. habil. J. Juilfs, Krefeld
Zur Dichtebestimmung von Fasern. Methoden und Beispiele der praktischen Anwendung
1957, 76 Seiten, 34 Abb., 18 Tabellen, DM 17,—

HEFT 393
Dr.-Ing. O. Viertel und S. Brückner-Lucas, Krefeld
Arbeitszeitstudien an Haushaltwaschmaschinen
1957, 74 Seiten, 8 Abb., 13 Tabellen, DM 17,30

HEFT 397
Dipl.-Ing. W. Rohs und Dipl.-Ing. R. Otto, Bielefeld
Ungleichmäßigkeiten in Bändern von Bastfaserkarden, ihre Ursachen und Auswirkungen
1957, 60 Seiten, 18 Abb., 42 Diagramme, DM 14,80

HEFT 433
Dr.-Ing. G. Satlow, Aachen
Über einige physikalische und chemische Eigenschaften der Wolle von der gewaschenen Wolle bis zum Kammzug
1957, 72 Seiten, 15 Abb., 19 Tabellen, DM 15,25

HEFT 434
Dipl.-Ing. W. Rohs und Dr. I. Geurten, Bielefeld
Schlichten für Baumwollgarne
1957, 96 Seiten, 3 Abb., zahlreiche Tabellen, DM 23,70

HEFT 435
Dipl.-Ing. W. Rohs und Dipl.-Ing. L. Steinmetz, Bielefeld
Die Massegleichmäßigkeit von Flachstreckenbändern in Abhängigkeit von Verzug und Dopplung
1957, 42 Seiten, 4 Abb., 2 Tabellen, DM 9,90

HEFT 436
Priv.-Doz. Dr. habil. J. Juilfs, Krefeld
Zur Bestimmung der Reißlast (Zugfestigkeit) von Fasern, Fäden und Garnen
1959, 26 Seiten, 7 Abb., 5 Tabellen, DM 8,60

HEFT 442
Dipl.-Ing. W. Rohs, Text.-Ing. H. Griese und Text.-Ing. W. Lauer, Bielefeld
Die Auswirkungen der Trocknungsart naßgesponnener Leinengarne auf deren Verarbeitungswirkungsgrad sowie auf die Festigkeits- und Dehnungseigenschaften der Garne und Gewebe
1957, 28 Seiten, 2 Abb., 3 Tabellen, DM 6,50

HEFT 452
Prof. Dr. rer. nat. W. Weltzien und Dr. phil. K. Windeck, Krefeld
Veränderungen an Fasern bei der Bleiche mit Natriumchlorid und über einige Vergilbungserscheinungen
1957, 64 Seiten, 3 Abb., 13 Tabellen, DM 14,85

HEFT 479
Prof. Dr.-Ing. W. Wegener, Aachen und Dipl.-Ing. H. Fourné, Bochum
Ursachen des Überschreitens der Toleranzgrenze nach oben oder unten (Meter pro Gramm) an der Strecke
1958, 60 Seiten, 17 Abb., 3 Tabellen, DM 14,60

HEFT 494
Dipl.-Ing. W. Rohs und Text.-Ing. H. Griese, Bielefeld
Entwicklung und Erprobung eines verbesserten elektrischen Kettfadenwächtergeschirrs für die Leinen- und Halbleinenweberei
1957, 56 Seiten, 9 Abb., 11 Tabellen, DM 13,—

HEFT 496
Dipl.-Chem. P. Vogel, Krefeld
Färberische Eigenschaften von zur Herstellung von Verdickungen in der Stoffdruckerei bestimmten Stoffen
1957, 38 Seiten, 3 Abb., 3 Tabellen, DM 9,30

HEFT 498
Prof. Dr.-Ing. H. Zahn und Dr. rer. nat. W. Gerstner, Aachen
Herstellung säurefester technischer Gewebe
1957, 40 Seiten, 8 Tabellen, DM 9,65

HEFT 499
Priv.-Doz. Dr. J. Juilfs, Krefeld
Die Bestimmung des Wasserrückhaltevermögens (bzw. des Quellwertes) von Fasern
1958, 42 Seiten, 8 Abb., 8 Tabellen, DM 10,35

HEFT 500
Priv.-Doz. Dr. habil. J. Juilfs, Krefeld
Vergleichende Untersuchungen am Schopper-Scheuerprüfgerät
1958, 60 Seiten, 34 Abb., verschied. Tabellen, DM 18,10

HEFT 501
Dipl.-Ing. W. Rohs und Dr. I. Geurten, Bielefeld
Untersuchungen in der Leinengarnbleiche
1958, 50 Seiten, 5 Abb., 5 Tabellen, DM 11,50

HEFT 587
Dipl.-Ing. H. Schmidt, Krefeld
Auswirkung der Strömungsverhältnisse in Trommelwaschmaschinen unter besonderer Berücksichtigung des Durchlaufspülens
1958, 20 Seiten, 8 Abb., DM 8,45

HEFT 609
Dipl.-Ing. W. Rohs und Dipl.-Ing. L. Steinmetz, Technisch-Wissenschaftliches Büro für die Bastfaserindustrie, Bielefeld
Verteilung der Bastfasern im Verzugsfeld einer Nadelstabstrecke
1958, 42 Seiten, 10 Abb., 2 Tabellen, DM 13,45

HEFT 614
Prof. Dr. W. Weltzien, Priv.-Dozent Dr. rer. nat. habil. J. Juilfs und Dr. rer. nat. W. Bubser, Krefeld
Die Textilforschungsanstalt Krefeld 1920—1958
Ein Bericht zur Einweihung ihres Neubaus Frankenring 2
1958, 78 Seiten, 11 Abb., 5 Baupläne, DM 23,80

HEFT 621
Techn.-Wissensch. Büro für die Bastfaserindustrie, Bielefeld
Untersuchungen zur Verbesserung des Leinenwebstuhles V
1958, 42 Seiten, 6 Abb., 8 Tabellen, DM 11,30

HEFT 632
Prof. Dr.-Ing. W. Wegener, Aachen
Aufstellung und Vergleich von Variance-within- und Variance-between-Kurven von Garnen, die nach verschiedenen Spinnverfahren hergestellt werden
1958, 72 Seiten, 35 Abb., DM 19,10

HEFT 633
Prof. Dr.-Ing. W. Wegener und Dipl.-Ing. E. Haase-Deyerling, Aachen
Entwicklung und Bau eines vollautomatischen Faserlängenprüfgerätes (Stapelprüfgerät) auf kapazitiver Grundlage, Erprobungen dieses Gerätes und Vergleich mit den bislang üblichen Verfahren auf manueller Basis
1958, 32 Seiten, 15 Abb., 5 Tabellen, DM 10,10

HEFT 654
Obering. H. Stein und Text.-Ing. H. v. d. Weyden Institut für Textile Meßtechnik, M.-Gladbach
Dipl.-Ing. Waldemar Rohs und Text.-Ing. H. Griese Techn.-Wissenschaftl. Büro für die Bastfaserindustrie Bielefeld
Untersuchungen an Spulvorrichtungen in der Leinen- und Halbleinenweberei
1958, 98 Seiten, 29 Abb., DM 23,80

HEFT 674
Dipl.-Ing. W. Rohs, Bielefeld
Die Ausnutzung der Garnfestigkeit in Halbleinengeweben
1958, 60 Seiten, 6 Abb., DM 14,30

HEFT 699
Dr.-Ing. Erich Wagner, Wuppertal
Studium der Drehungsverhältnisse an Perlon und Nylongarnen zur Herstellung von Strumpfgewirken
1959, 30 Seiten, 11 Abb., DM 9,20

HEFT 700
Oberingenieur H. Stein, M.-Gladbach
Zugprüfungen an Textilien mit einer weglosen, elektronischen Kraftmeßeinrichtung
1958, 103 Seiten, 62 Abb., 3 Tabellen, DM 32,—

HEFT 722
Dr.-Ing. O. Viertel, und Eva Malz, Krefeld
Mechanische Wäschebeanspruchung und Waschwirkung in Rührwerkmaschinen
1959, 59 Seiten, 25 Abb., 23 Tabellen, DM 16,50

HEFT 730
Obering. H. Stein und Dipl.-Phys. S. Hobe, M.-Gladbach
Gerät zum Auffinden von Fadenverdickungen bei hohen Prüfgeschwindigkeiten
1959, 56 Seiten, 28 Abb., 2 Tabellen, DM 14,80

HEFT 731
Dr.-Ing. G. Satlow, Aachen
Hautwolle und Schurwolle. Eine Gegenüberstellung ihrer wichtigsten chemischen und physikalischen Eigenschaften
1959, 96 Seiten, 4 Abb., 31 Tabellen, DM 23,60

HEFT 732
Dipl.-Ing. W. Rohs und Dipl.-Ing. R. Otto, Bielefeld
Messung von Verzugskräften in Nadelfeldern von Bastfaserstrecken
1959, 40 Seiten, 9 Abb., 4 Tabellen, DM 11,60

HEFT 749
Dipl.-Ing. W. Rohs und Text.-Ing. H. Griese, Bielefeld
Einfluß verschiedener Webfaktoren auf die Krumpfung von Halbleinen- und Baumwollgeweben
1959, 28 Seiten, 2 Abb., 10 Tabellen, DM 8,60

HEFT 761
Dr. I. Lambrinou-Geurten, Bielefeld
Untersuchungen zur rationellen Durchfärbbarkeit von Bastfasergarnen
1959, 54 Seiten, 1 Abb., 16 Tabellen, DM 14,10

HEFT 790
Prof. Dr. W. Kast, Freiburg (Breisgau)
Fließvorgänge in der Spinndüse und dem Blaukonus des Cuoxam-Verfahrens
1960, 131 Seiten, 59 Abb., 37 Tabellen, DM 36,50

HEFT 816
Dr. rer. nat. H. Pfannmüller, Textilchemikerin M. Pfannmüller und Prof. Dr.-Ing. H. Zahn, Aachen
Die Bewetterung chemisch modifizierter Wollgarne
1960, 28 Seiten, DM 10,10

HEFT 817
Dr. rer. nat. H. Kessler, Aachen
Die Zwei- und Dreifaseranalyse auf Grund der Bestimmung von Cystin und Stickstoff
1960, 28 Seiten, DM 8,70

HEFT 818
Prof. Dr.-Ing. W. Wegener, Aachen
Grundlegende Untersuchungen zur Frage der Spinnavivierung von Rohbaumwolle
1959, 33 Seiten, DM 10,70

HEFT 839
Prof. Dr. J. Jülfs, Krefeld
Zur Bestimmung der Absolutdichte von Fasern
1960, 24 Seiten, 5 Abb., 3 Tabellen, DM 8,10

HEFT 846
Oberingenieur H. Stein und Ing. Eidelsburger, Mönchengladbach
Untersuchungen an Baumwollkarden zwecks Ermittlung der Fehlerursachen für Dickeschwankungen
1960, 46 Seiten, 23 Abb., DM 14,30

HEFT 850
Dr.-Ing. O. Viertel, Krefeld
Maßänderung und Faserbeanspruchung von Wäschestoffen bei verschiedenen Trocknungsverfahren
1960, 34 Seiten, 9 Abb., 12 Tabellen, DM 10,70

HEFT 865
Textil.-Ing. J. Ilg, Krefeld
Ermittlung des Gebrauchswertes von Handtüchern verschiedener Qualität
1960, 45 Seiten, 6 Abb., 22 Tabellen, DM 13,20

HEFT 869
Dipl.-Ing. W. Rohs und Textil-Ing. H. Griese, Bielefeld
Zusammenwirken von Kett- und Schußfadenspannungen und ihr Einfluß auf den Gewebeausfall
1960, 32 Seiten, 4 Abb., 6 Tabellen, DM 9,90

HEFT 879
Dipl.-Chem. Dr. H. G. Fröhlich, Mönchengladbach
Einsatz von künstlichen Eiweißfasern in Mischung mit Wolle und Kaninhaar zur Herstellung von Hutfilzen
1960, 42 Seiten, 15 Abb., 10 Tabellen, DM 12,90

HEFT 885
Dr. J. Lambrinou, Krefeld
Einfluß von Fettzusätzen auf das rheologische Verhalten von Schlichteflotten
1960, 58 Seiten, 18 Abb., 3 Tabellen, DM 16,50

HEFT 892
Dipl.-Ing. H. Schmidt, Krefeld
Untersuchung über die Wäschebewegung in Trommelwaschmaschinen unter besonderer Berücksichtigung der Reinigungswirkung und des Faserabriebs
1960, 28 Seiten, 9 Abb., DM 9,—

HEFT 896
Prof. Dr.-Ing. W. Wegener, Aachen
Einfluß der höheren Vorgarndrehung geflyerter Lunten auf die Ungleichmäßigkeit und die dynamometrischen Eigenschaften des fertigen Garnes
1960, 28 Seiten, 12 Abb., 3 Tabellen, DM 9,20

HEFT 897
Prof. Dr.-Ing. W. Wegener und Dipl.-Ing. D. Quambusch, Aachen
Zusammenhang zwischen dem Raumklima und der elektrostatischen Aufladung des Spinnmaterials

---

Volks- und betriebswirtschaftliche Untersuchungen auf dem Textilgebiet

HEFT 186
Dr. E. Wedekind, Krefeld
Untersuchungen zur Arbeitsbestgestaltung bei der Fertigstellung von Oberhemden in gewerblichen Wäschereien
1955, 124 Seiten, 28 Abb., 6 Tabellen, 2 Falttafeln, DM 12,—

HEFT 197
Dr. E. Wedekind, Krefeld
Untersuchungen zur Bestimmung der optimalen Arbeitsplatzgröße bei Mehrstuhlarbeit in der Weberei
1955, 92 Seiten, 34 Abb., DM 18,50

HEFT 222
Dr. L. Köllner, Münster und Dipl.-Volkswirt M. Kaiser, Bochum
Die internationale Wettbewerbsfähigkeit der westdeutschen Wollindustrie
1956, 214 Seiten, 5 Abb., DM 39,50

HEFT 323
Prof. Dr. R. Seyffert, Köln
Wege und Kosten der Distribution der Textilien, Schuh- und Lederwaren
1956, 98 Seiten, 37 Tabellen, 1 Falttafel, DM 12,—

HEFT 607
Dr. H. Schlachter, Münster
Die Wettbewerbslage der westdeutschen Juteindustrie
1958, 137 Seiten, 35 Tab., DM 32,—

HEFT 631
Dr. E. Wedekind, Krefeld
Der Einfluß der Automatisierung auf die Struktur der Maschinen und Arbeiterzeiten am mehrstelligen Arbeitsplatz in der Textilindustrie
1958, 86 Seiten, 34 Abb., DM 21,10

HEFT 715
Dr. E. Wedekind, Krefeld
Die Auftragsplanung und Arbeitsorganisation in gewerblichen Wäschereien
1959, 116 Seiten, 25 Abb., DM 29,50

HEFT 819
Dipl.-Volkswirt Dr. H. H. Kaup, Münster
Einkommen und Textilverbrauch
1960, 92 Seiten, 34 Tabellen, DM 23,20

HEFT 826
Wäschereiforschung Krefeld e. V.
Arbeitszeitstudien an Haushaltsbottichwaschmaschinen gleicher Art und Größe mit verschiedener Ausstattung
1960, 37 Seiten, 10 Abb., 4 Tabellen, DM 12,20

HEFT 827
Dr.-Ing. E. Sattler, Verband Deutscher Streichgarnspinner, Düsseldorf
Disposition mit Arbeitsvorbereitung und Vertriebsvorbereitung in der einstufigen (Verkaufs-) Streichgarnspinnerei
1960, 60 Seiten, DM 15,90

HEFT 828
C. Brzeskiewicz, Verband der Deutschen Tuch- und Kleiderstoffindustrie e. V., Köln, im Verein mit dem Ausschuß für wirtschaftliche Fertigung e. V., Düsseldorf
Disposition mit Arbeitsvorbereitung und Vertriebsvorbereitung in der Tuch- und Kleiderstoffindustrie
1960, 67 Seiten, 8 Anlagen, DM 17,90

HEFT 847
Oberingenieur H. Stein und Ing. M. Eidelsburger, Mönchengladbach
Untersuchungen über den Ablauf der Arbeitsvorgänge bei Schlagmaschinen in Baumwoll- und Zellwollaufbereitungsanlagen
1960, 54 Seiten, 29 Abb., DM 16,70

HEFT 874
Dr. E. Wedekind und Textil-Ing. H. Kokerbeck, Krefeld
Untersuchungen über rationelle Arbeitsweisen bei Preß- & Bügelvorgängen in Chemisch-Reinigungsbetrieben
1960, 102 Seiten, 17 Abb., zahlr. Tabellen, DM 26,50

Ein Gesamtverzeichnis der Forschungsberichte, die folgende Gebiete umfassen, kann bei Bedarf vom Verlag angefordert werden:

Acetylen / Schweißtechnik – Arbeitspsychologie und -wissenschaft – Bau / Steine / Erden – Bergbau – Biologie – Chemie – Eisenverarbeitende Industrie – Elektrotechnik / Optik – Fahrzeugbau / Gasmotoren – Farbe / Papier / Photographie – Fertigung – Gaswirtschaft – Hüttenwesen / Werkstoffkunde – Luftfahrt / Flugwissenschaften – Maschinenbau – Medizin – Pharmakologie / Physiologie – NE-Metalle – Physik – Schall / Ultraschall – Schiffahrt – Textiltechnik / Faserforschung / Wäschereiforschung – Turbinen – Verkehr – Wirtschaftswissenschaften.

MIX
Papier aus verantwortungsvollen Quellen
Paper from responsible sources
FSC® C105338

If you have any concerns about our products,
you can contact us on
ProductSafety@springernature.com

In case Publisher is established outside the EU,
the EU authorized representative is:
**Springer Nature Customer Service Center GmbH
Europaplatz 3, 69115 Heidelberg, Germany**

Printed by Libri Plureos GmbH
in Hamburg, Germany